石化企业消防安全丛书

消防器材与装备

张速治　于学顺　主编

中国石化出版社

内 容 提 要

本书主要针对石化消防队伍普遍应用的常规消防器材装备和车辆，以及部分现代化、科技含量较高的装备进行了描述，基本上囊括了现役消防常规装备器材以及部分科技含量较高的特种器材装备。本书对于现役部分消防车辆的技术参数、操作原理、使用方法等也进行了描述，便于读者参考学习。

本书主要供从事消防工作的一线指挥员、执勤战斗员学习，也可供从事消防工作的管理人员和技术人员参考。

图书在版编目（CIP）数据

消防器材与装备／张速治等主编．—北京：
中国石化出版社，2010（2023.1 重印）
（石化企业消防安全丛书）
ISBN 978-7-5114-0242-4

Ⅰ.①消… Ⅱ.①张… Ⅲ.①石油化学工业-工业企业-消防设备 Ⅳ.①TE687

中国版本图书馆 CIP 数据核字（2010）第 010990 号

中国石化出版社出版发行

地址：北京市东城区安定门外大街 58 号
邮编：100011　电话：(010)57512500
发行部电话：(010)57512575
http://www.sinopec-press.com
E-mail：press@sinopec.com
北京科信印刷有限公司印刷
全国各地新华书店经销

*

850×1168 毫米 32 开本 3.5 印张 81 千字
2023 年 1 月第 1 版第 4 次印刷
定价：20.00 元

《石化企业消防安全丛书》

序

随着石化企业发展规模的逐年加大，石化消防队伍的建设不断得到强化，在新装备、高科技消防装备的投入上达到了新的高峰，从根本上改善了石化消防队伍灭火取胜的基础条件，增强了消防队伍整体灭火救援作战实力，提高了扑救石化行业初期火灾的能力。2009年新《消防法》的颁布实施，为石化消防队伍注入了新活力和动力，标志着消防工作法制化建设日趋正规，消防监督和灭火救援工作有法可依、有章可循，为加强石化消防队伍建设，推进消防训练改革，强化消防队伍训练教育的发展奠定了坚实的基础。

石化行业在日新月异地发展壮大，新科技、新工艺、新材料、新设备不断增加，火灾的危险因素也在不断增加，一旦发生火灾或化工行业化学危险品泄漏扩散，其危害程度非常强烈，火灾扑救和灾害处置十分艰难。消防队伍责任重大，任务艰巨。因此必须强化防范，优化石化消防队伍官兵素质，增强队伍灭火救灾的实战能力，以适应新时期石化消防保卫任务的需要。

做好石化消防工作，首先要坚持依法治火，要进一步围绕和落实《消防法》，加大消防监督管理力度，增强石化行业消防法制意识，使各级领导和石化职工都能自觉遵守消防法规。其次，石化企业消防机构在加强消防执法的同时，要不断完善内部制约机制，强化消防监督职能，坚持科技治火。面临现代火灾新特点，必须走科技强警之路，强化科技防火与科技治火。除了配备先进、高效的消防车辆装备和个人防护器材外，要继续狠抓消防队伍科技练兵活动，注重智能培训，使高素质的官兵和现代化的装备达到最佳程度，形成战斗力，把石化消防队伍建成攻必克、战必胜的强盛之师、威武之师。

鉴于此，天津石化消防支队结合现今石化行业的特点，在总结以往工作经验的基础上编写了该套《石化企业消防安全丛书》。希望该丛书会成为石化消防官兵学习和借鉴的教育图书。相信，该丛书的出版会激起广大消防官兵的学习热情；对广大消防官兵研究预防火灾和扑救灭火理论、研究练兵之道，使消防队伍的训练技能和作战水平提高到一个新的层次起到推动作用。

前　言

为适应石化企业消防队伍建设，满足从事石化消防行业指战员的要求，我们结合石化企业消防队伍普遍应用的常规消防器材装备和车辆，以及部分现代化、科技含量较高的装备，编写了《消防器材与装备》。

该书是从适应现代化大型企业，更好地发挥石化消防专项职能的角度编写，主要目的是为一线的指战员提供学习参考的依据。该书基本上囊括了现役消防常规装备器材以及部分科技含量较高的特种器材装备。同时，该书还对现役部分消防车辆的技术参数、操作原理、使用方法等进行了概述。由于编写内容有限，在车辆的选材方面受到限制，敬请读者见谅。

由于作者水平有限，书中难免有不妥和错误之处，热忱希望广大读者提出宝贵意见。

目　录

1 消 防 枪

(1) 消防枪的用途 消防水枪是消防队员同火灾作斗争中广泛用的喷水灭火器材。消防水枪的功能是把水带内水流转化成水枪的高速射流，并把这种射流(直流式雾状射流)喷射到火场的物体上，达到灭火冷却或防护的目的。

(2) 消防枪的分类 近年来，我国消防水枪发展较快，品种规格越来越多，其发展趋势是由单一功能向多功能发展。消防水枪根据喷射水流的状态可分为直流水枪、喷雾水枪、直流喷雾水枪、开花直流水枪、多功能水枪等。

(3) 消防枪的使用注意事项 根据火场的情况要选择合适的水枪；前进、后退，向左、向右平射时要将水枪嘴下压或关闭节门；使用时要灵活多变。不能乱射，以防伤人造成重大事故。

1.1 直流水枪

1.1.1 技术参数(见表 1.1)

表 1.1 直流水枪技术参数

项目 规格/mm	压力/MPa	流量/(L/s)	有效射程/m	控制周长/m	控制面积/m^2
13	0.47	4.0	17	8~10	25~30
16	0.395	5.6	17	8~10	30~40
19	0.355	7.5	17	8~10	40~60

1.1.2 用途

小口径水枪可用于近距离、火灾燃烧面积小、用水量小的火灾，大口径水枪可用于远距离、火灾燃烧面积大、控制火势蔓延及爆炸、救人、抢救重要物资等方面。

1.1.3 使用方法

使用以上口径的水枪要根据火灾实际选定并且灵活运用，特别是用大口径水枪时，需要水量小，可关部分节门或用拇指遮挡部分水枪嘴，就可以产生小口径水枪的作用。需要开花或雾状水时，拇指挡住水枪嘴就能产生开花或雾状。

1.2 开花直流水枪

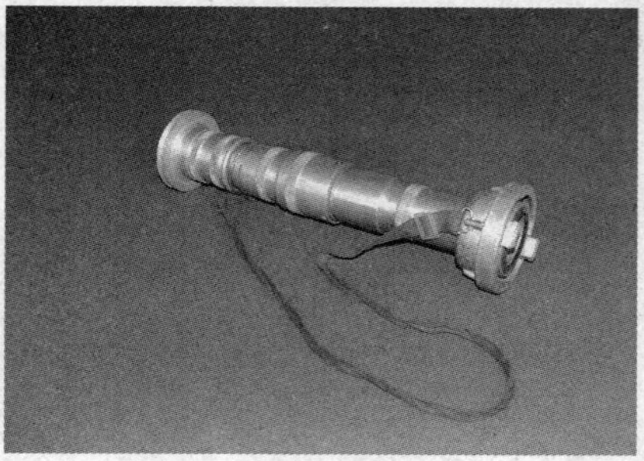

开花直流水枪就是可喷射散状和柱状水流的水枪。由水带接口、枪体、开关阀、开花调节阀、背带等组成。

1.2.1 技术参数(见表 1.2)

表 1.2 开花直流水枪技术参数

项目 规格/mm	压力/ MPa	流量/ (L/s)	有效射程/ m	最大开花面 (宽×距离)/ m×m	控制面积/ m^2
16	0.588	6.6	19	3.5×1	30~50
19	0.588	9.6	20	3.5×1	50~80

由表可见，水枪的控制面积与水枪的流量成正比，流量越大，控制面积越大。

1.2.2 用途

本水枪可单独和同时喷射充实水流和散状开花水流，适合消防员用开花水流阻挡辐射热、烟雾、有毒有害气体，掩护自己接近火源，并以充实水柱进行灭火，效果较好。

1.2.3 操作方法

开关阀向右旋转为开，相反方向为关。使用开花时，向左旋转开花调节阀为开，相反方向为关。

1.3 多用水枪

多用水枪就是既可以喷射直流又可以喷射雾状散状水流的水枪。由水带接口、开关阀、枪体、开花调节阀、喷嘴、背带等组成。

1.3.1 技术参数(见表 1.3)

表 1.3 多用水枪技术参数

项目 规格/mm	压力/ MPa	流量/ (L/s)	有效射程/ m	最大开花面 (宽×距离)/ m×m	控制面积/ m^2
16	0.588	6.6	19	5×1.7	30~50
19	0.588	9.6	20	5×1.7	50~80

1.3.2 用途

多用水枪的用途与开花直流水枪相同，但射程较远，开花面宽，并具有开关控制，性能优于开花水枪。

1.4 多功能消防水枪

多功能水枪主要适用于各种火灾的消防灭火和降温，能有效地保护消防人员的安全。由水带接口、阀门开关、操作手柄、流量调节开关、直流与喷雾调节阀、旋转喷雾齿组成。

多功能消防水枪

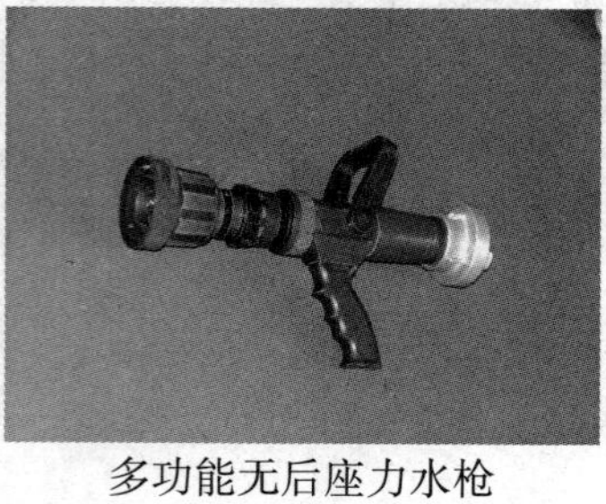

多功能无后座力水枪

1.4.1 技术参数(见表1.4)

表1.4 多功能消防水枪参数

项目 规格	额定压力/MPa	工作压力范围/MPa	流量/(L/s)	直流射程/m	喷雾角
*DN*50	0.6	0.2~0.8	2	≥22	≥0°~120°
			4	≥26	
			6	≥32	
			8	≥36	

1.4.2 操作方法

使用多功能水枪时，一手握住操作手柄，另一手向后拉开阀门开关。如果使用直流射水时，请向右转动直流与喷雾调节阀，直至到直流水为止。另外使用喷雾射水时，请向左转动直流与喷雾调节阀直至到喷雾水为止，然后根据压力大小，调节流量调节开关，向右转为大流量，相反转为小流量。

1.5 脉冲水枪

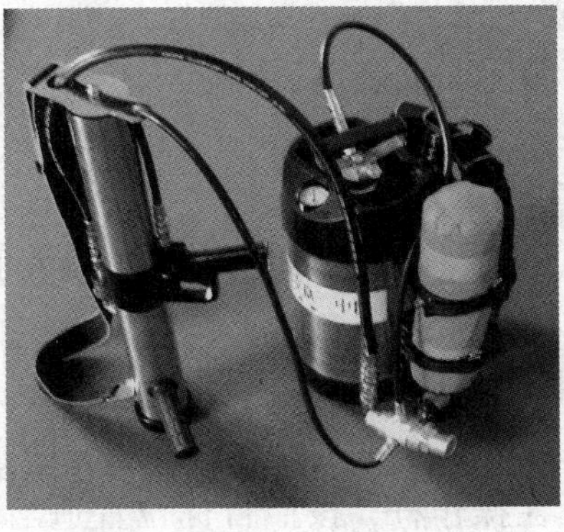

1.5.1 脉冲水枪的用途

用于家庭初起火灾、小型油品火灾、汽车交通事故火灾、电器火灾。

1.5.2 脉冲水枪的使用方法

打开气瓶阀，一手握住手柄一手握住开关，向后拉动充水阀，打开保险待枪口溢水后对准着火点扣动扳机。脉冲水枪储水桶容积 12L，能打 12 枪，有效射程小于 17m。

1.6 带架水枪

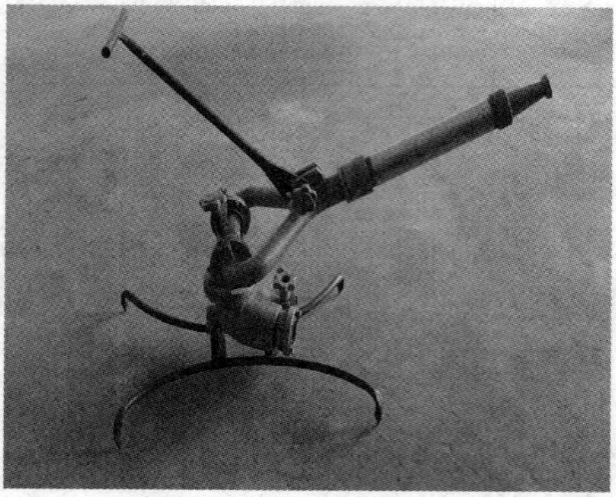

1.6.1 组成

由喷嘴、枪管、水带接口、操作杆、升降固定阀、支架等零部件组成。

1.6.2 用途

带架水枪流量大、射程远，适合于扑救大面积火灾，使用时通过手动操作可实现俯仰和左右旋转。

1.6.3 使用方法

使用带架水枪时，应将水枪放置稳妥，防止底架倾斜，接好水带。用手握住操作杆，按照目标位置适当调节射水角度。射水角度是通过水枪中部扇形板上的固定销固定，定向销拉出时可调整俯仰角度，固定时将定向销弹入扇形孔板内即可。横向旋转时，用手握住操作杆转动即可。

1.7 泡沫管枪

1.7.1 组成

由水带接口、吸管接头、吸液混合液调节阀、空气产生器、手轮、枪管等组成。

1.7.2 用途

用于扑救中小型化工油类火灾，也可扑救一般固体物质的火灾。

1.7.3 技术参数(见表 1.5)

表 1.5 泡沫管枪技术参数

主要性能型号	工作压力/MPa	泡沫液流量/(L/s)	混合液流量/(L/s)	空气泡沫量/(L/s)	射程/m	控制面积/m^2
PQ4	0.7	0.24	4	25	24	25
PQ8	0.7	0.48	8	50	28	50
PQ16	0.7	0.96	16	100	32	100

1.7.4 使用方法

(1) 在泡沫消防车上使用泡沫管枪时，应将混合器上的调节阀指针扳到混合位置(即扳到右侧)。

(2) 在使用桶装泡沫时，应将混合器上的调节阀指针扳到吸液位置(即扳到左侧)。

1.7.5 注意事项

(1) 在扑救液体火灾时，泡沫达到有效浓度后方可将泡沫混合液体打在壁面或使泡沫自然散落在液面上，以达到覆盖灭火的效果。不得将泡沫射流直接冲击液面，以免使泡沫夹带液体浮上而影响灭火效果。

(2) 吸液管插入桶内要不断搅拌，不得插入桶底，防止沉淀堵塞。

1.8 水幕水枪

1.8.1 用途

为防止着火油罐波及周围油罐，在燃烧的油罐与相邻油罐间用水幕消防水枪喷洒形成一道水幕，隔绝火焰和浓烟。扑救楼房火灾战斗中，在楼梯、走廊布置水幕水枪，可控制烟气蔓延，降低烟火温度，掩护灭火救人，可喷雾状水、灭火覆盖面大、减少水迹损失。

1.8.2 技术参数

工作压力为0.4~0.8MPa；流量为540L/min；重：2.5kg。

2 消 防 炮

2.1 消防水炮

2.1.1 用途

用于远距离、大面积一般物质火灾或油类火灾冷却或灭火。

2.1.2 组成

由支架、集水器、左右旋转销、压力表、上下旋转销、操作杆、流量调节阀、直流与喷雾调节阀。

移动水炮见下图。

2.1.3 技术参数(见表 2.1)

表 2.1 消防水炮技术参数

性能 规格	工作压力/ MPa	流量/ (L/s)	有效射程/ m	仰俯角度	水平角度
PP48 型水炮	1.0	48	60	-15°~80°	360°

2.1.4 使用方法

将移动炮抬到指定地点，固定好炮架，将水带与移动炮的进水口连接好，打开左右移动锁销，然后打开上下移动锁销，调整控制手柄，握住手炮操作杆对准着火点或冷却点，将水炮调到适当角度。

2.2 消防泡沫炮

2.2.1 使用范围

该泡沫炮是产生和喷射泡沫，远距离扑救甲、乙、丙类液体火灾或远距离扑救固体物质火灾的消防炮。

该消防炮适用于石油化工企业、储罐区、飞机场、仓库、港口码头。

2.2.2 技术参数

工作压力为 5~10kgf/cm^2，最大仰角 80°，最小仰角 0°。最大射程 55m。发泡倍数 6%。

2.2.3 使用及保养

（1）消防炮应在规定的使用压力范围内使用。

（2）应经常检查炮的完好性和操作灵活性，发现紧固件不松动、变形应及时修理，使炮一直处于良好的使用状态。

（3）每次使用后应喷射一段时间清水，然后将炮内水放净，冬季严寒地区更要注意在消防炮内不能有积水，以免将炮冻坏。

（4）消防炮转动部位应经常加润滑脂，以保证转动灵活。

（5）喷射时，消防炮炮口严禁站人。

（6）消防炮不能用以扑救带电设施火灾，以免触电。

2.3 消防遥控移动泡沫水炮

2.3.1 用途

用于石油化工、油罐区、大型仓库、油库等大面积室内火灾场所的 A、B 类火灾，灭火以及有毒气体液体泄漏稀释和冷却，及其他消防人员无法靠近的火灾或灭火救援处理现场。流量大、水流集中、射程远。可随时移动。

2.3.2 特点

（1）同时具备遥控、炮位电控和手动三种操作形式。

（2）在+30°~+70°俯仰角和 1.5MPa 水压下喷射时不会倾翻和位移。

（3）具备自摆功能。且摆动角度范围可调。

（4）泡沫管可快速连接。

（5）带防冬天结冰用自泄水装置，当水压低于 0.2MPa 时，自动将炮身中余水泄放掉。

（6）水、泡沫头合二为一。

（7）炮头出水流量可现场快速调节。

（8）可用车载电源充电（在选配车载交流电源线的情况下）。

（9）电瓶工作时间：在连续工作情况下可工作 3h 以上。

（10）重量轻，只有 38kg。

（11）遥控能力强，不怕建筑物阻挡。

（12）带自保装置。抗化学物质的腐蚀和高温的侵害。

2.3.3 技术参数

（1）额定工作压力：0.8MPa。

（2）额定流量：40～60L/s(可调)。

（3）水喷射距离为60m。

（4）泡沫喷射距离为60m。

（5）泡沫喷射高度大于36m。

（6）最大喷雾角度大于100°。

（7）俯仰角：+30°～+70°。

（8）电源：直流24VDC，交流220VAC。

（9）无线遥控半径距离大于150m。

（10）供水形式：两个80型消防水带。

2.3.4 注意事项

严禁在防爆区域内使用。

2.4 浮艇泵

2.4.1 用途

适用于深水井及液面、海面、湖泊等水域，及不易到达的火灾现场，可稳固的浮在水面。射程远、流量大连续运作时间长，易于维护。

2.4.2 技术参数

（1）排水口径65mm，进水口径76mm，重56kg。

（2）11hp发动机。机械密封，不锈钢轴承，黄铜推进器，铝制外壳离心泵，汽油箱容积2.2L。

2.4.3 使用方法

（1）使用时放置平稳，倾斜不小于15°。

（2）逆时针方向将操做旋杆完全旋出后，拉动马达启动手柄，使发动机工作。

（3）将浮艇泵放置水中。

（4）调整至要求压力：逆时针将操作旋杆旋出调至适当位置后，再依箭头指向将标有TURN TO LOCK旋钮顺时针方向旋紧，用以锁固操作旋杆，以防因泵体工作时的振动力使操作旋杆自行调节，而影响泵体自身排水能力。

2.4.4 注意事项

（1）冷却机器时，严禁把水放进浮艇泵。

（2）禁止将浮艇泵空运行2min以上。

（3）当水面低于40cm时，严禁使用浮艇泵。

（4）第一次使用浮艇泵90min内不应超过1/2最大流量。

（5）机器使用后非常烫，严禁触摸。

（6）禁止无人监视下运行机器。

（7）冬季使用后必须排空机器内的水，防止结冰，冻坏机器。

（8）在添加燃料前停止机器运转。

（9）每周检查一次，检查润滑油、汽油是否充足畅通。

3 破拆工具

3.1 消防斧

(1) 消防平斧用途

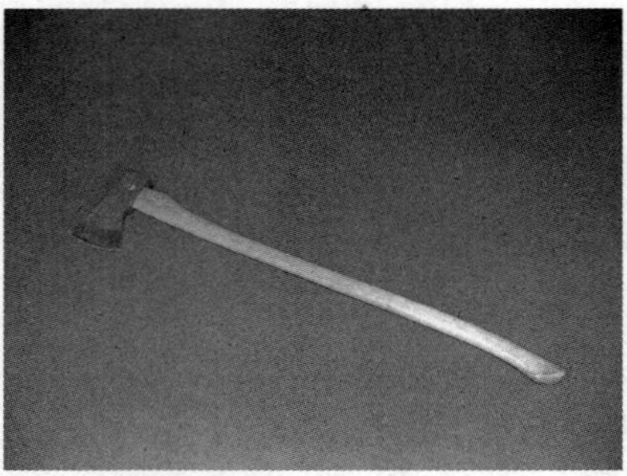

适用于破拆砖木结构房屋及其他障碍物，以隔断火源和开辟抢险救生通道。

(2) 消防尖斧用途

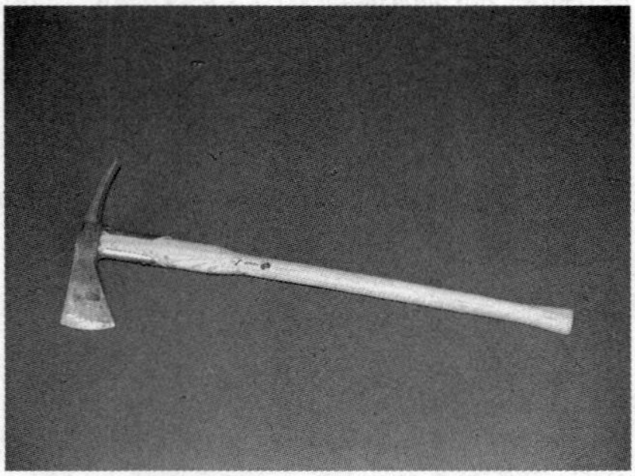

适用于火场上拆除砖木结构房屋，还可用于破墙、凿洞。

3.2 铁铤

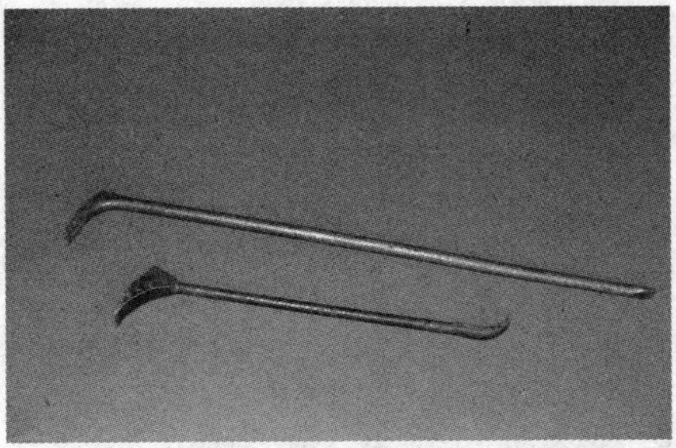

3.2.1 适用范围

（1）重铁铤适用于破拆门窗、地板、天花板和其他建筑结构。

（2）轻便铁铤适用于破拆木门、地板机灰泥等。

（3）轻铁铤适用于开启门窗、屋面和敲开地下消防栓盖等。

（4）万能铁铤适用于破拆木板房面、天花板、板条抹灰墙和开启门窗等。

3.2.2 种类

铁铤分为重铁铤、轻便铁铤、轻铁铤、万能铁铤四种。

3.3 消防锤

用于破拆承重墙体、地面等。

3.4 消防锹

用于火场上扑救化工火灾、油类火灾、筑堤，清除被积压的消火栓等。

3.5 绝缘钳子

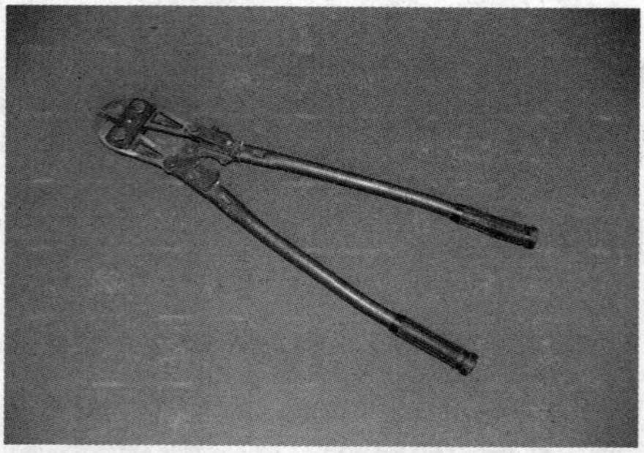

3.5.1 适用范围

用于切断电线，以切断电源；也可以切断大直径金属丝、线材及带刺铁丝，以及清理火场及开辟通道等。

3.5.2 绝缘电压

铁制胶把套，绝缘负荷为220~380V。

3.6 绝缘拉杆

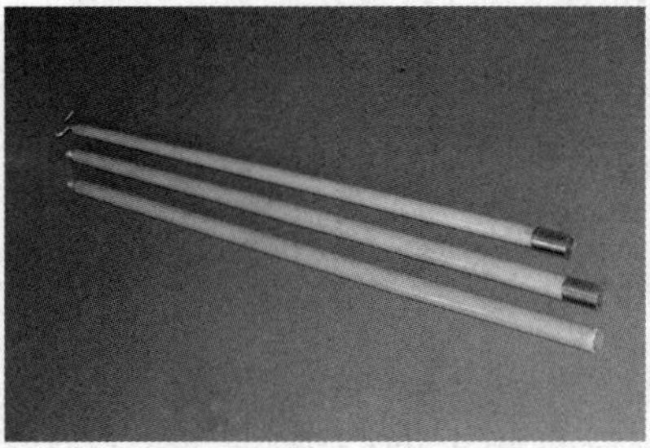

3.6.1 用途

用于火场上拉电闸、断电线之用。负荷 35kV。

3.6.2 规格性能

直径 35mm，分为三节、四节两种，工作高度 3.2m，绝缘。

3.6.3 使用方法

(1) 要穿好绝缘靴、带好绝缘手套。

(2) 断电时要拉掉开关或从来电方向根部拉断电线。

(3) 根据需要连接绝缘拉杆。

3.6.4 注意事项

(1) 必须穿戴好绝缘鞋、绝缘手套。

(2) 使用时要保持 30°~45°。

(3) 断电线时要向外部拉断。

3.7 机动链锯

3.7.1 组成

由汽油发动机、链锯条、刀板、离合器、锯把等组成。

3.7.2 作用

机动链锯是依靠机械动力进行锯割破拆作业的工具。用于木构件、木制品或塑料制品的锯切破拆作业，以及开辟林区防火隔离带。

3.7.3 使用方法

按规定加满机油、燃油。油锯启动前应先打开底火开关，关闭阻风门，再扣下油门扳机，压下启动限位按钮后松开油门扳机，使节气门处于半开状态，然后一手按住前手把，一手平稳而迅速地拉动启动手柄启动发动机。启动后应立即打开阻风门，扣动油门扳机使其复位，待发动机正常后进行使用。

3.7.4 注意事项

使用中身体要站稳，双手要握紧；周围人员不要靠近。操作过程中要注意被锯断物的下落情况，以免引起伤人及机器损坏事故。

3.8 无齿锯

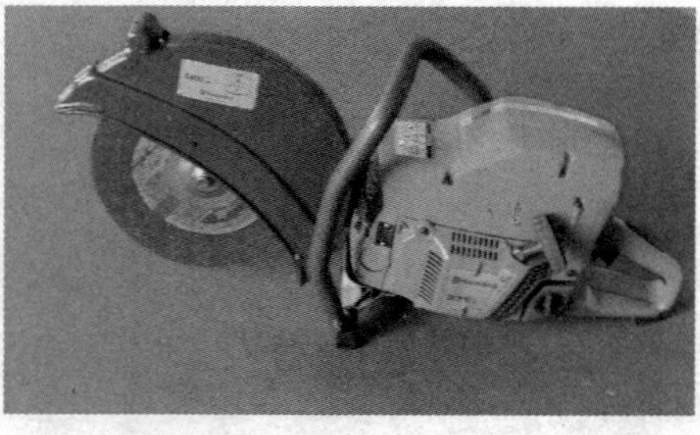

3.8.1 用途

无齿锯以汽油发动机为动力源，通过锯片的高速旋转，切割各类金属、混凝土、砖土等结构。主要用途是切割钢架、铁轨、水管、钢筋、铁板、岩石、钢筋混凝土、石棉等。

3.8.2 刀片的使用范围

金属刀片用于钢、合金钢、其他硬金属。金刚石刀片用于任何砖料、强化混凝土，其他非金属材料，不适合金属。

3.8.3 使用方法

按规定加满机油、燃油。油锯启动前应先打开底火开关，关闭阻风门，再扣下油门扳机，压下启动限位按钮后松开油门扳机，使节气门处于半开状态，然后一手按住前手把，一手平稳而迅速地拉动启动手柄启动发动机。启动后应立即打开阻风门，扣动油门扳机使其复位，待发动机正常后进行使用。

3.9 液压扩张器

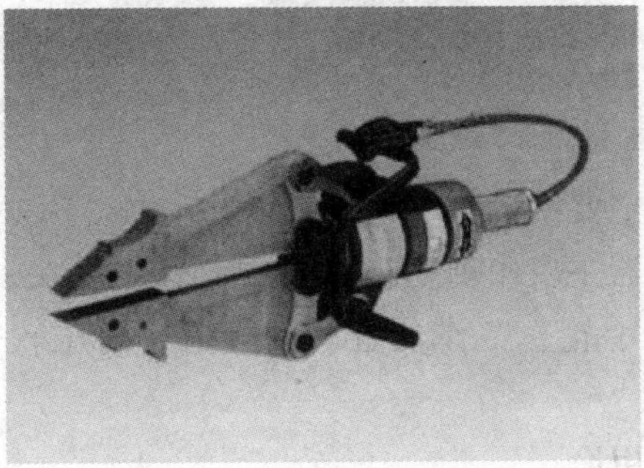

3.9.1 组成

液压扩张器主要由扩张头、扩张臂、中心锁轴锁头、双向液压锁、手控双向阀及手轮、工作油缸、油缸盖、高压软管及操作手柄等部件构成。

3.9.2 用途

液压扩张器是液压驱动的大型破拆器具，在发生事故时，用于支起重物，分离开金属和非金属结构，具有扩张和闭合功能。

3.9.3　使用方法

(1) 液压扩张器快速接口的阳口和阴口分别与机动泵的阴口和阳口连接。

(2) 向左打开汽油开关，将启动开关扳到启动位置，轻提启动手柄，感到有阻力时用力快速一拉。

(3) 启动成功后，将油门置于工作位置。

(4) 操作者向左旋转手轮时，扩张臂将张开，反之扩张臂并拢。

3.10　液压剪断器

3.10.1　主要结构

液压剪切器主要由剪切刀片、中心锁轴锁头、双向液压锁、手控双向阀及手轮、工作油缸、油缸盖、高压软管及操作手柄等部件构成。

3.10.2　用途

用于发生事故时，剪断门框、汽车框架结构或非金属结构，以救援被夹持或被锁于危险环境中的受害者。

3.10.3　使用方法

(1) 液压剪断器快速接口的阳口和阴口分别与机动泵的阴口和阳口连接。

(2) 向左打开汽油开关，将启动开关扳到启动位置，轻提启动手柄，感到有阻力时用力快速一拉。

(3) 启动成功后，将油门放置工作位置。

(4) 操作者向右旋手轮时，剪断器张开，向左旋手轮为合并(剪)。

3.10.4 注意事项

只能剪切 Q235 或 HRC<20 的材料。

3.11 手动剪切钳

3.11.1 用途

用于事故现场，剪断门框、汽车框架结构或非金属结构，以救援被夹持或被锁于危险环境中的受害者。

3.11.2 性能

最大切割力：200kN，扩张力：25～70kN，顶部扩张距离：175mm，质量：10.5kg。

3.12 液压机动泵

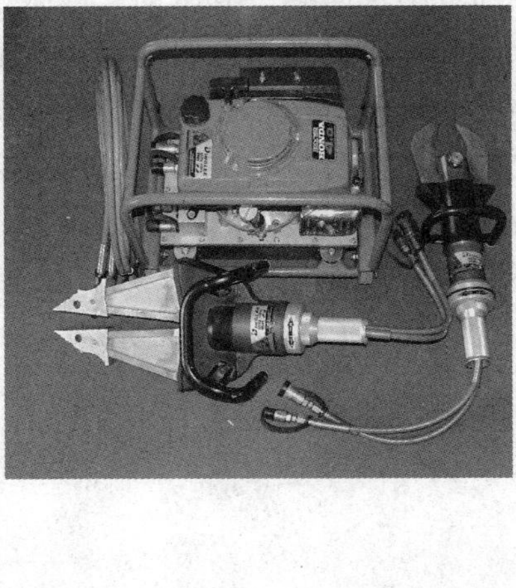

3.12.1　性能

额定工作压力：63MPa；

额定流量：0.6L/min；

低压工作压力：6MPa；

低压流量：2.0L/min；

动力机：3.0HP四冲程本田汽油机。油箱容积：3.0L。质量：28kg。

3.12.2　配置及特点

该泵双级、双流量、双输出，高低压自动转换，可同时接驳两件工具，适合于“鼎力”系列液压破拆工具。

3.12.3　使用方法

打开开关，关闭阻风门，使节气门处于半开状态，然后拉住启动绳索把，平稳而迅速地拉动启动手柄启动发动机。启动后应立即打开阻风门，待发动机正常后进行使用。

3.12.4　注意事项

(1) 使用前必须检查各部分是否正常。

(2) 使用时应严格遵守主要参数中的规定，切忌超高超载，否则油缸顶部会发生严重漏油。

(3) 如手动泵体的油量不足时，需先向泵中加入经充分过滤后的N33#液压油才能工作。

(4) 液压油油量不足问题。液压油一般很少消耗，正常情况下主要是装卸油管的时候残留油管的液压油有稍许损失。但在不正确操作情况下会损失液压油，油管接头珠座密封不严等。液压油可能一次损失不多，但时间长的话可能会导致液压油不足，从而导致液压工具工作无力。我们在维修过程中经常遇到这种情况，由于一次损失液压油不多，所以很容易被大家忽视。解决方法是经常观察液压工具油量是否充足，及时补充液压油。

4 防 护 器 材

4.1 空气呼吸器

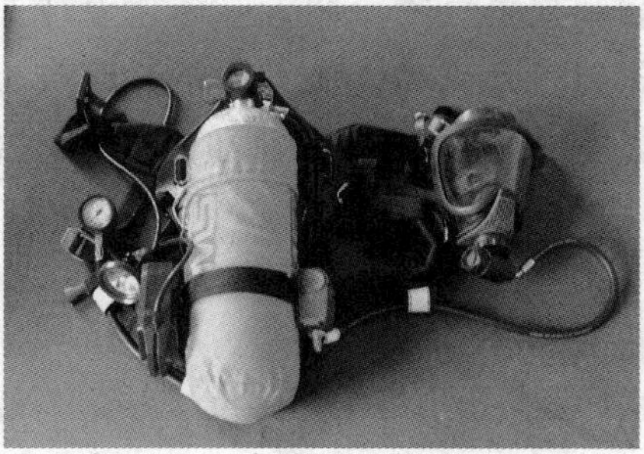

4.1.1 用途

可在有浓烟、毒性气体以及严重缺氧的场所使用，用于现场作业时的呼吸保护。

4.1.2 佩戴方法及检查事项

左脚向前一步，右膝跪地，背好呼吸器，扣牢腰带，放松头盔带，将头盔推至颈后，按逆时针方向完全打开气瓶开关，拿起面罩，由下而上戴好面罩收紧系带。深呼吸，使空气供给阀启动。

4.1.3 特点

具有耐高温、防火阻燃、绝缘、防腐、防水、重量轻、气密性好等性能；符合欧洲 EN136、EN137 标准及国标 GA124 标准。

(1) 气瓶 采用全缠绕式碳纤维复合材料；内胆采用高强度、耐腐蚀、重量轻的铝合金材料，气瓶容积：9L，重量：

4. 1kg，气瓶工作压力：300bar(30MPa)使用时间：90min。

(2) 减压阀 设计紧凑，输出压力自动调节，内置式泄压阀能自动提供超压保护，设有备用接口便于升级为电子一体化呼吸器，供气流量大于1000L/min；

(3) 供气阀 超薄超轻型，可有效防止消防员带上面罩后的压迫感，配有旁通阀和快速除雾功能，需供即吸即开，供气流量大于600L/min。

(4) 压力表和报警气哨 两者一体化设计，位于前胸便于观察与辨别，压力表外壳为优质不锈钢并配有防震护套，荧光屏显示便于在黑暗处观察；报警气哨的报警压力(55±5)bar，报警声大于95dB；

(5) 面罩 大视野球形面罩、防火阻燃，边框为双层设计，密封性良好，佩戴舒适，防雾设计。

(6) 背板 背板为碳纤维增强复合材料，重量轻，坚固耐用，气管全部为内嵌式设计，可有效防止来自侧面的损伤，背带具备阻燃特性为无级可调，适用于各种规格的气瓶。

(7) 正压式空气呼吸器 主要由高压空气瓶与气瓶开关、减压器、快速接头、正压型空气供给阀、面罩、压力表、气瓶余气报警器、中压安全阀、正压呼气阀、背托、肩带、腰带等部件组成。

4.1.4 技术参数

气瓶容积分类	3L	4L	5L	6.8L
气瓶最大储气量/L	900	1200	1500	2040
最高工作压力/MPa	30	30	30	30
最大供气量/L	720	960	1200	1632
使用时间/min	25	32	40	60
报警器报警压力/MPa	4~6			
使用环境温度/℃	-30~+60			

4.1.5 检查事项

(1) 查看气压是否达到25~30MPa。注意面罩保护，防止出现划痕影响可视效果。

(2) 每月和每次使用后对呼吸器各部位进行维护保养，对气瓶进行详细检查，发现有磕碰等硬伤立即停止使用。

4.2 长管呼吸器

4.2.1 用途

长管呼吸器又称移动供气源，用于工作位置相对固定的场合，主要由碳纤维气瓶总成组件、供气胶管、供气阀总成、面罩总成、小车和2L碳纤维应急逃生气瓶等组成。

4.2.2 特点

使用长管呼吸器时，消防人员的负重大大减轻，同时也可以进入比较狭窄的空间，如坑道、管道、深井等。

4.2.3 使用方法

呼吸空气由小车上的气瓶提供，小车上的气瓶可以交替更换，因此，只要备足气瓶，该移动供气源可以一直不间断供气，保证长时间作业过程中的用气。一人单独使用时通气胶管长度可达70m，两人同时使用时可达50m。面罩及供气阀与E. RPP

系列自给正压式空气呼吸器通用。气瓶内压缩空气即将用完时，报警器会起鸣提前告知监护人员及时更换气瓶。

4.2.4 注意事项

当发生紧急情况时，打开应急气瓶瓶阀，断开与长管快速接头的连接，然后撤离。应急气瓶可提供约10min的呼吸空气。

4.3 隔热服

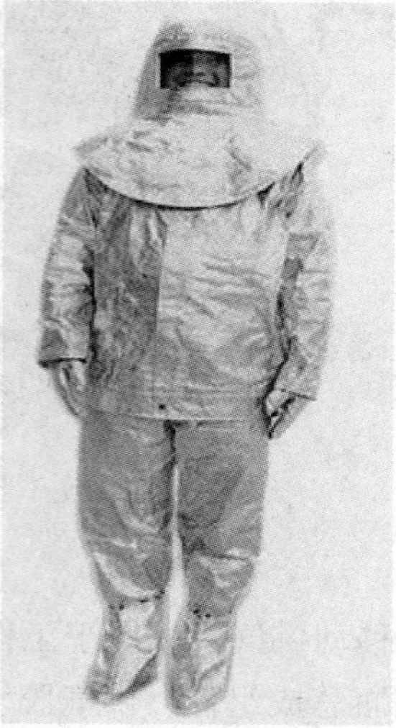

4.3.1 组成

隔热服是由隔热帽、上衣、长裤、手套、护脚等组成。

4.3.2 用途

用于高温下作业使用。

4.3.3 使用方法

（1）首先穿好裤子，背上背带，粘牢裤扣。

（2）戴好护脚罩，系好护脚带。

（3）穿好上衣，粘牢衣扣。

（4）戴好隔热帽，带上隔热手套。

4.3.4 注意事项

（1）在着隔热服时要检查表层铝箔是否完好，如铝箔脱落或损坏则停止使用。

（2）上下装的插口要完全扣齐扎牢。

（3）每月或每次使用后晾晒防潮。

4.4 避火服

4.4.1 性能及组成

绝热玻璃纤维、铝化玻璃纤维表面。衣形符合人体轮廓，加大避火服可佩戴呼吸器，观测镜由多层热处理玻璃及防热玻璃制成。防火温度 833℃，防辐射 1111℃。

4.4.2 用途

适用于高温有火焰灼伤危险的场合。

4.4.3 使用方法

（1）首先穿好裤子，背上背带，粘牢裤扣。

（2）穿好靴子。

（3）穿好上衣，粘牢衣扣。

（4）戴好避火帽，带上避火手套。

4.4.4 注意事项

（1）面罩防止磕碰，拉锁每季度上蜡一次。

（2）每月或每次使用后晾晒防潮。

4.5 重型防化服

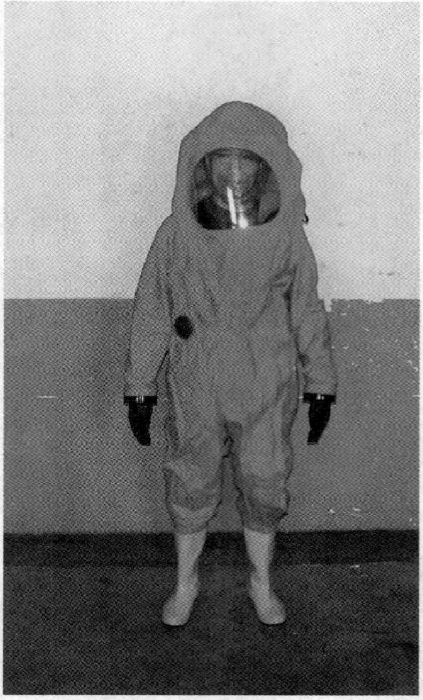

4.5.1 用途

当在对眼睛、呼吸道及表皮有直接腐蚀性危害时使用。

4.5.2 性能及组成

（1）由高质量的涂层织物制成，抗所有的芳香烃、卤代烷、酸、植物油及动物油。

（2）制作。双层缝纫，拉锁由氯丁橡胶粘合，完全密封。

4.5.3 使用方法

（1）首先佩戴好空气呼吸器。

（2）从防化服侧面拉锁处穿戴，顺序是先穿双脚然后再穿上半身，最后再将防化服拉锁拉严密。

4.5.4 注意事项

（1）面罩防止磕碰、坚硬物品磕划。

（2）使用时注意防止防化服被身边尖锐物品划破，如果在使用过程中防化服破裂应及时更换新防化服。

4.6 消防灭火防护服

4.6.1 用途

用于建筑倒塌、狭窄空间及攀登等救援现场的身体防护。

4.6.2 性能

阻燃、耐磨、轻便、抗拉力强、颜色及标识醒目等性能。

4.6.3 注意事项

每月或每次使用后晾晒防潮。

4.7 消防员灭火防护服2002

4.7.1 用途

用于消防员的身体防护。适用于消防员在灭火救援时穿着的防护服。

4.7.2 性能

具有防火、透气、隔热，阻燃性能，损毁长度≤10cm，续燃时间≤2s。分体式。上衣采用双层可拆卸式样；裤子采用吊带式样。

4.7.3 注意事项

每月或每次使用后晾晒防潮。

4.8 消防指挥员灭火防护服

4.8.1 用途

用于消防员的身体防护。适用于消防员在灭火救援时穿着的防护服。

4.8.2 性能

具有防火、透气、隔热，阻燃性能，损毁长度≤10cm，续燃时间≤2s。分体式。上衣采用双层可拆卸式样；裤子采用吊带式样。

4.8.3 注意事项

每月或每次使用后晾晒防潮。

4.9 消防防护靴

4.9.1 外观部分

防护胶靴颜色为黑色，并有醒目标志。帮面材料为橡胶靴面，靴底材料为橡胶底，重量≤3kg。

4.9.2 技术标准

胶面、围条和外底的物理机械性能、耐油性能、耐硫酸性能和耐氢氧化钠性能、金属衬垫耐腐蚀性能、防砸性能、抗刺穿性能、抗切割性能、电绝缘性能、隔热性能、抗辐射热渗透性能、防水性能、防滑性能等均需符合《消防员灭火防护靴》的标准要求。

4.10 消防安全腰带

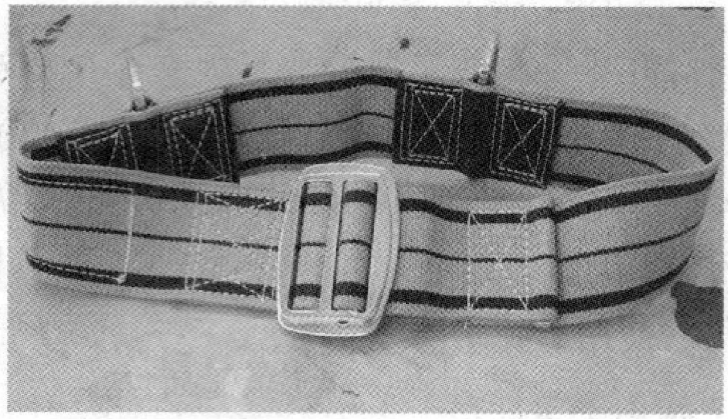

4.10.1 用途

用于消防员腰部保护，消防员登高作业和逃生自救。

4.10.2 性能

耐磨、阻燃、工作拉力450N，质量：0.6kg，长度为1.1~1.4m可调，用聚酰胺纤维或聚酯纤维制成，强度高耐冲击、阻燃性能好、重量轻、耐磨耐腐蚀、不霉不蛀。

4.10.3 注意事项

每次使用时检查有无破损，如有损坏在抢险救援时停止使用。

4.11 防高温手套

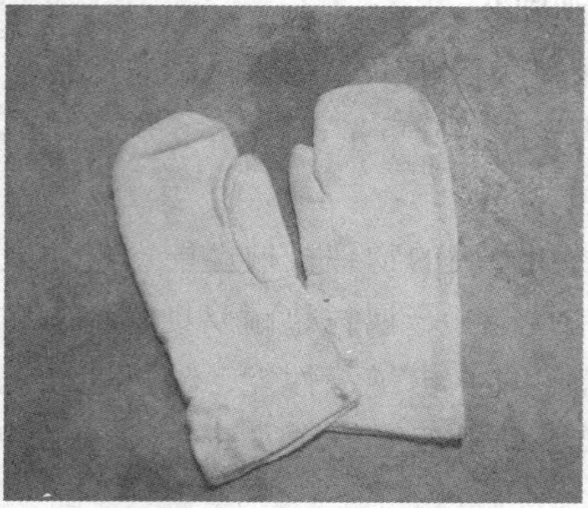

4.11.1 用途

用于火灾现场抓取高温物体等。

4.11.2 性能

耐热性高达 300℃。

4.11.3 注意事项

手套可以清洗延长使用寿命，每月或每次使用后晾晒防潮。

4.12 消防护目镜

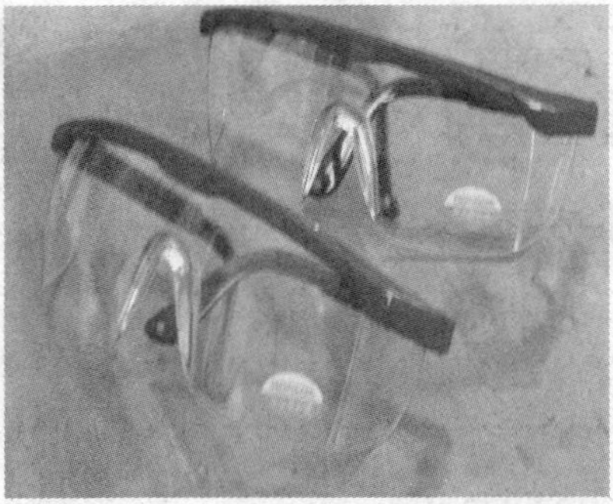

4.12.1 用途

用于危险作业时眼部保护。

4.12.2 性能

镜片抗冲击力可达 120m/s（镜面最大承受压力 $5kgf/cm^2$）。

4.13 消防头盔

4.13.1 用途

用于消防员的头部防护，由多层复合材料制成，具有耐冲击性、耐燃烧性、耐热耐高温性、耐穿透性、侧向刚性等。

4.13.2 性能

头盔对外物撞击性能优良抗冲击、耐高温，泄漏电流小于3mA。头盔壳体570g，镜片120g。头盔整体耐温260℃。

4.13.3 使用方法

调节头盔尺寸到适合状态。头盔带好后下拉下颚带紧固不掉为止。

4.13.4 注意事项

禁甩、禁磕碰，禁止接触酸碱等化学试剂。

4.14 抢险救援头盔

4.14.1 用途

用于抢险救援作业时头部保护。

4.14.2 特点

具备防尖锐物品冲击，防腐蚀、防热辐射、反光、绝缘、轻便等性能。

4.15 消防安全绳

防止因磨损而断绳，绳子下端一定要接触地面，放绳人同时也要系临时安全绳。

4.15.1 特点

腰部配有防坠挂点，安全带和安全绳为一体，无腿带和跨带，胸部、肩部可调；轻便、简单、实用、无约束感、穿着舒适等特点。

4.15.2 材质

涤纶、丙纶、锦纶工业长丝、镀铬金属件或不锈钢件。

4.15.3 注意事项

每月或每次使用后清洁、晾晒防腐等。

4.16 消防腰斧

4.16.1 用途

消防斧工作原理是清理着火或易燃材料，切断火势蔓延的途径，还可以劈开被烧变形的门窗，解救被困人员。

4.16.2 技术标准

斧头和斧柄的钢材采用45号钢，平刃、尖刃、柄刃和撬口其硬度达到HRC 48~54；配置腰斧皮套一个。

4.16.3 注意事项

（1）注意在使用过程中不要伤到他人。

（2）每月或每次使用后刃磨、上油、除锈，检查橡胶斧柄须粘结牢靠，不松动、无碎渣、无夹杂物。

5 消防器材

5.1 帆布水桶

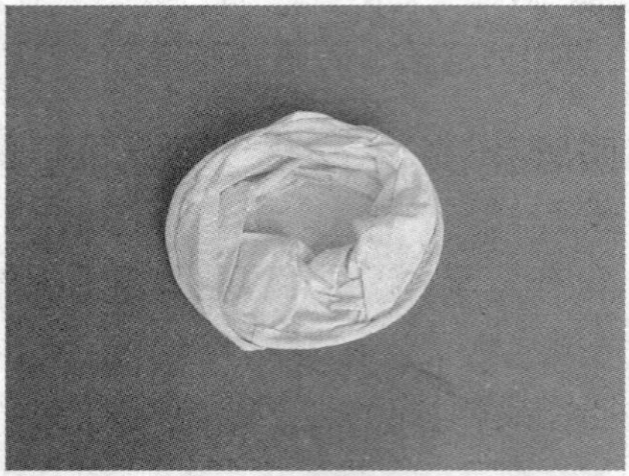

主要用于火场上消除余火和扑救不宜用水枪扑救的小火使用。

5.2 水带

是由消防车或消火栓将灭火剂(水)送往火场的管线，每盘

长 20m，口径较小的用于支线，口径较大的用于干线。

按口径可分为 50mm、65mm、80mm 三种；按原料分为有衬里和无衬里两种。目前常用的型号为 65mm、80mm 两种，材质为聚氨酯。

5.3 救护大绳

主要用于高层救人、自救和疏散物资。

5.4 水带挂钩和包布

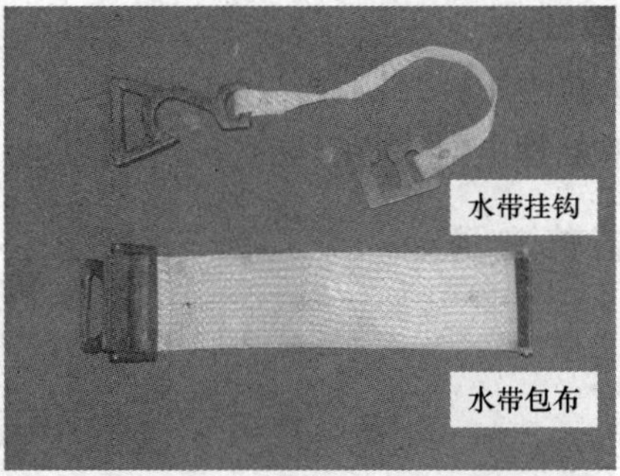

5.4.1 水带挂钩

(1) 用途 在灭火战斗中，向高出垂直铺设水带时，为了减少水带下坠力，用水带挂钩将水带挂在梯子上或其他物体上。

(2) 使用方法 使用时将半环一端缠绕水带，另一端穿入半环中并提起金属钩，即可将水带悬挂在建筑物上。

5.4.2 水带包布

(1) 用途 在灭火战斗中，水带被扎(轧)漏水后，影响射流，用其将漏水处扎起来，防止漏水孔扩大，影响灭火。

(2) 使用方法 使用时将包布一端绕过水带后穿入夹钳中，夹牢即可。

5.5 绝缘手套和绝缘鞋

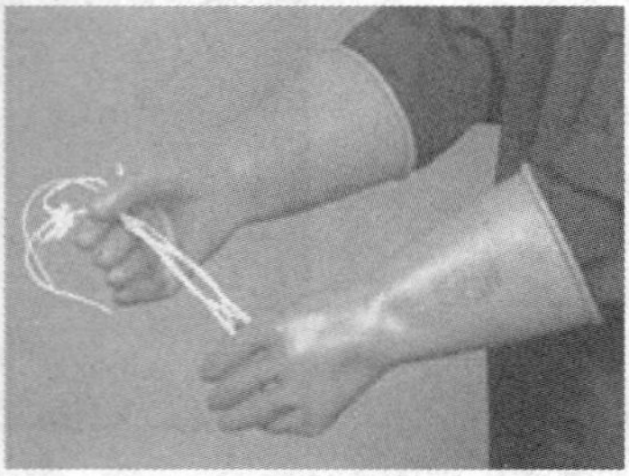

5.5.1 绝缘手套

胶制绝缘负荷为220~380V。

用于火场上处理电器、电线火灾。

5.5.2 绝缘鞋

胶制绝缘负荷为10~15kV。

用于火场上处理电器火灾，防止触电危险。

5.6 水带节流器

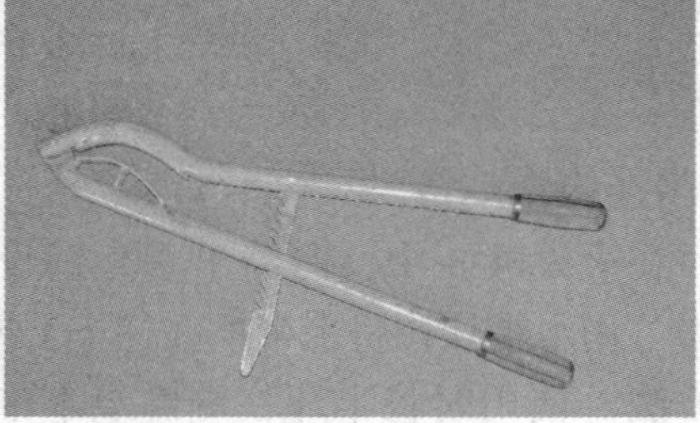

有 3in.（英寸），2. 5in.（英寸）两种。是将水带水流切断，更换和延长水带时使用。使用时，将水带放到节流器顶端，然后两手握住节流器末端使劲下压直至水流切断为止。

5. 7　吸水管扳子

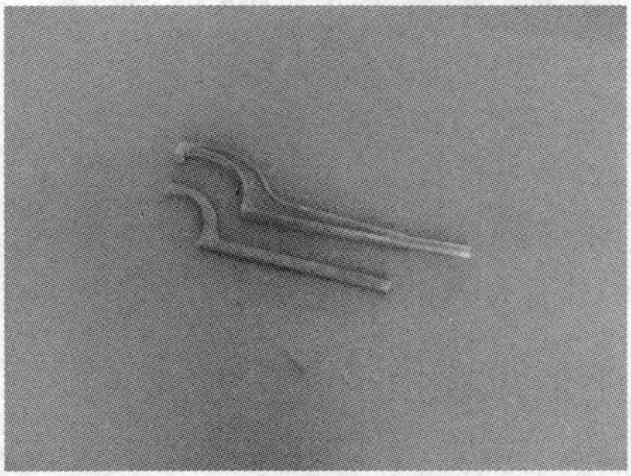

用于连接吸水管后密严接口使用。

使用方法为：连接机车时向右为紧，相反方向为松。连接两节吸水管时，左手在前右手在后为紧，右手在前左手在后为松。

5. 8　水带扳子

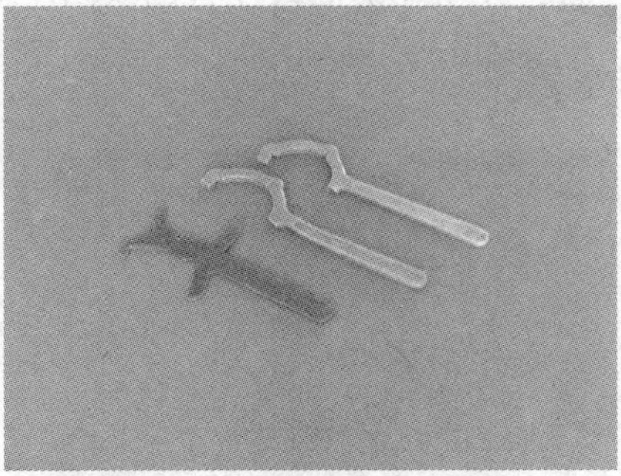

在水带卡口和冬季冻结时使用。

使用方法为：连接机车时向右为紧，相反方向为松。水带连接时左手在前右手在后为紧，右手在前左手在后为松。

5.9　消防栓扳子

是开启和关闭消火栓的专用工具。

5.10　地下消火栓扳子

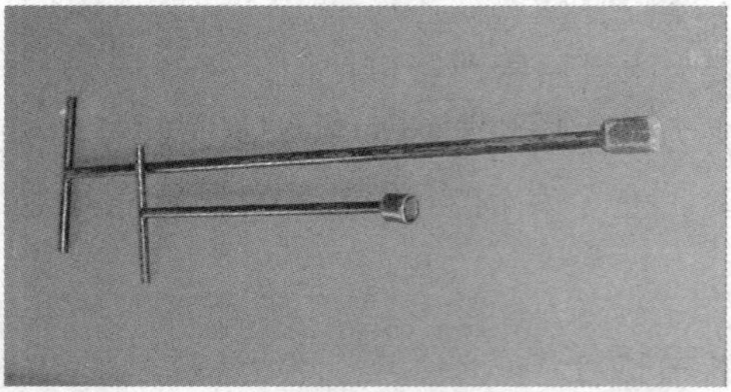

主要用于开启、关闭地下消火栓管网节门。

5.11　滤水器

防止杂草进入吸水管和水泵内，保证泵正常运转。

5.12 分水器

5.12.1 规格性能

进水口径为65mm、80mm两种，出水口径为65mm、50mm两种，可分为三通、四通两种，出水口上装有截止阀或球阀，可随时启闭。

5.12.2 用途

能将单股水流分成两股(三通)或三股(四通)，为增强水流量和射程，也可将多股水流汇成一股，便于增强和调换支线水带。

5.13 异型接口

5.13.1　简单构造

由水带接口、手拉开关、锁母等组成。

5.13.2　用途

用于两个不同形式接口的连接。如装置、建筑物中有一类型的接口，用另一类型接口连接。

5.13.3　使用方法

(1) 两个锁母相撞为接。

(2) 用手拉开关往外拽为开。

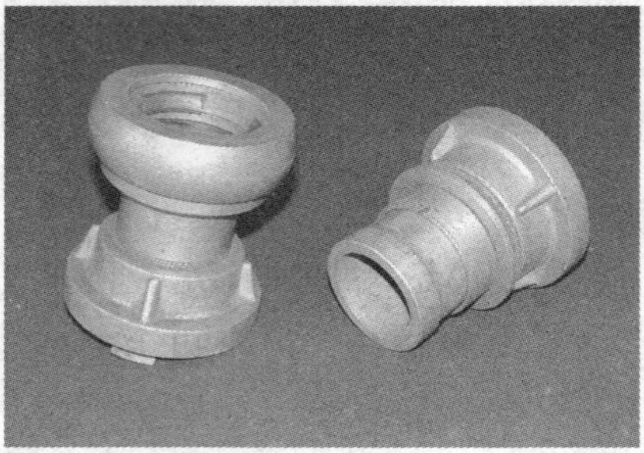

异径变口有两种，分别为50mm变65mm和65mm变80mm。

5.14　异径变口

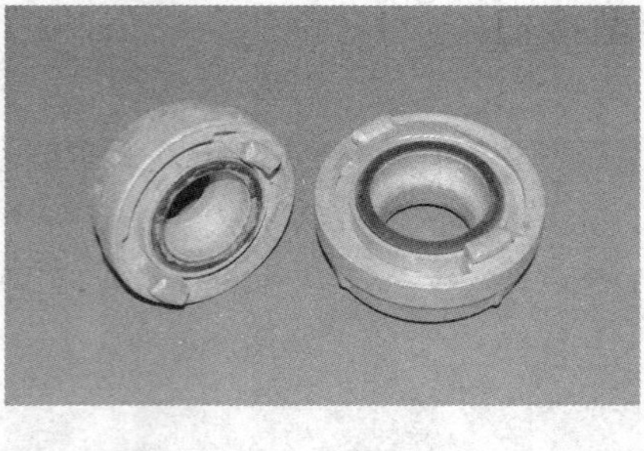

主要用于装置、建筑物消防半固定、消防车、水枪、分水器、水带等工具上使用。

5.15 排吸器

由水带接口、本体、底架、弯管等组成。主要用于地下室或低洼处积水的地方。

5.16 水带桥

5.16.1 规格性能

用五块厚度不同的垫木及连接带组成，使水带由垫块之间通过。

5.16.2 用途

是保护正在输水的水带不被过往的车辆扎坏的装备。

5.16.3 使用方法

同时将两个带桥平放在地面上，两桥间距根据车辆宽度调整。

5.17 救生缓降器

5.17.1 用途

用于火灾或地震发生时，消防员为营救高层楼宇内被困人员的一种救生器械。

5.17.2 特点

(1) 绳索内包有钢丝内芯，耐高温、更耐磨。

(2) 安全系数高，性能可靠，体积小，重量轻，使用灵活，能有效控制降落速度，确保使用人员降落时的平稳性和落地时的安全性。使用者无需经专门训练，男女老幼均可使用，并能安全落地脱险。

5.17.3 技术参数

(1) 使用高度 10~120m，使用负荷 8~100kgf。

(2) 每次承载1人，降落速度10kg时0.5m/s，65kg时1m/s，100kg时1.55m/s。

(3) 绳索强度 5600N，安全带强度 12000N，安全钩强度 12000N。

（4）允许工作温度-30～160℃。

5.17.4 使用方法

（1）取出缓降器，把安全钩挂在预先安装好的固定架上或任何稳固的支撑物上。

（2）将绳索盘投向楼外地面以抖开绳索。

（3）将安全带套于腋下，拉紧滑动扣至合适位置。

（4）从窗口或平台，面向墙壁跳落。

（5）落地后迅速松开滑动扣，脱下安全带，离开现场。

（6）特殊情况可手抱或背一名儿童面向墙壁跳落。

（7）该器械可以上下往复连续交替使用，能在短时间内及时营救多个人的生命。

（8）只抓本身下降绳索，勿抓另一条绳索。

（9）使用时尽量避免锐角摩擦绳索。

5.17.5 注意事项

（1）产品出厂前均经严格检验合格，处于随时启用状态，严禁随意拆卸主机。

（2）避免火焰区内使用。

（3）应存放在通风干燥，无腐蚀性气体的环境中。

（4）使用寿命因使用情况不同而异，如发现绳索出现磨伤断股，需立即更新，不能勉强使用。

（5）楼宇高度按每层3m计算，选择规则时，宁长勿短。

5.18 轻型安全导向绳

5.18.1　用途

抢险救援使用。

5.18.2　注意事项

(1) 防止因磨损而断绳。

(2) 绳子下端一定要接触地面，放绳人同时也要系临时安全绳。

(3) 保养作业项目：清洁、防腐等。

6 消 防 灯

6.1 佩戴式防爆照明灯

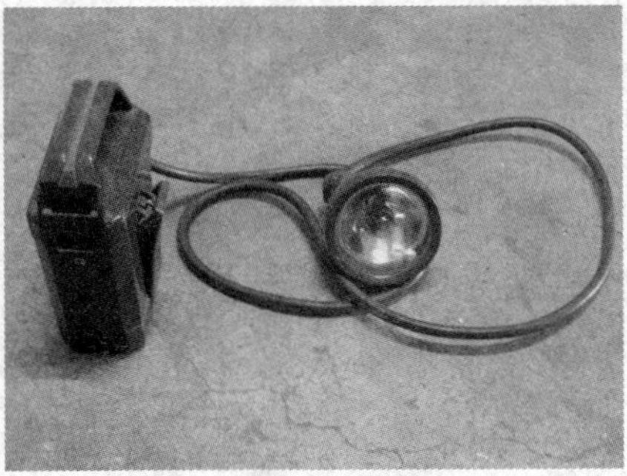

6.1.1 用途

广泛适用于铁路、电力、船舶、石油、石化、部队作移动照明。

6.1.2 性能

（1）隔爆型最高防爆等级，可在易燃易爆场所安全工作。

（2）大功率固态免维护光源，光效高，寿命长，永不需要更换光源。

（3）强光与工作光可任意转换，强度高，抗冲击性能好，防水防腐。

（4）携带方便，可手提、腰挎、帽佩和磁力吸附等多种携带方式。

6.1.3 使用方法

（1）可采用手提、腰挎、帽佩和磁力吸附等多种携带方式。

（2）按下灯头上开关按钮，则灯具开启，处于工作光状态；再次按下开关按钮，则灯具转化为强光状态；再次按下开关按钮，则灯具熄灭。

（3）充电时，将灯具放在安全场所，将充电器插头插入电插座，充电器指示灯显示红色，将充电器另一端接头插入灯具，充电器指示灯转化为绿色，表示灯具正在充电，充满电后，充电器指示灯转化为红色。

（4）注意事项：充电及拆卸灯具必须在安全场所进行；使用后应及时进行充电，避免再次使用时电量不足；灯具若长期放置不用，使用前应充满电。

6.2 便携式强光防爆探照灯

6.2.1 用途

可用于各种巡视、检修和抢险的移动照明。

6.2.2 结构特性

（1）隔爆型防爆形式，适用于各种易燃易爆的危险场所。

（2）工作光和强光可任意转换。

（3）射程远，强光射程高达600m。

（4）结构轻巧，抗强力冲击、耐强酸碱腐蚀。

（5）可在各种恶劣环境中长期可靠工作。

（6）可采用台面放置、手提、磁力吸附，吊挂等多种照明方式。

6.2.3 使用方法

（1）根据照明的需要灯头可徒手向上转动 90°或向下旋转 45°。

（2）按压开关，打开灯光，再次按压开关，灯光关闭；当持续按压开关超过 2s，即可实现工作光与强光之间的转换。

（3）更换灯泡时，将灯圈旋下，拆下旧灯泡换上新灯泡，再装好灯圈并保证旋到位。

（4）每次使用后需及时充电，充电时将充电器插头与灯具侧面的充电口可靠连接，再将充电器另一端插入 220V 市电，指示灯为绿色，充满电后，指示灯转为红色。

（5）灯具有低电压保护功能。使用中，电池电量即将耗尽时，灯光会闪烁，此时应停止使用并在安全场所充电。

6.2.4 注意事项

（1）灯具在使用中透明件表面温度较高，请注意不要触摸，以免烫伤。

（2）严禁在危险场所充电、更换电池或灯泡。

（3）打开光源时，先打开工作光或先打开强光均属正常现象。

6.3 强光防爆电筒

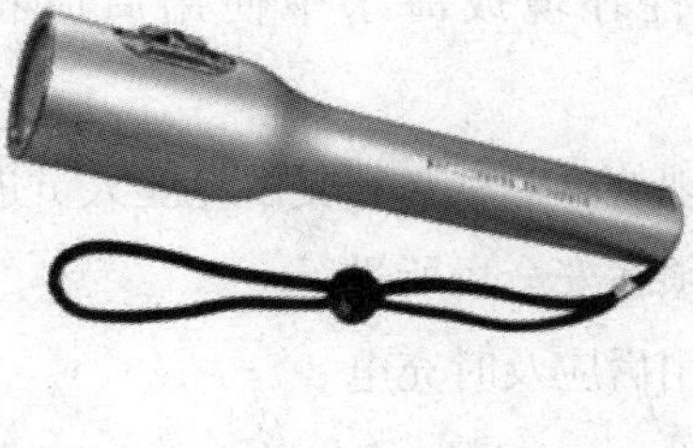

6.3.1　用途

能安全可靠地为易燃易爆场所、消防、部队、工矿企业、水下及其他工作现场提供移动照明。

6.3.2　性能特点

(1) 隔爆型最高防爆等级，可在易燃易爆场所安全工作。

(2) 采用大功率、高亮度白光 LED 光源，灯具照射距离可达 100m 以上，可视距离达 5000m 以上。

(3) 一次充满电后，可以在 6 个月内随时使用，可连续使用 9h。

(4) 密封性好，可在 200m 水下正常工作。

6.3.3　使用方法

(1) 使用时，按住开关滑块向前或向后推，即可开启或关闭灯具。

(2) 每次使用后都应及时充电，保证电池经常处于满电状态；若长期放置不用，每隔半年应补充充电 4h。

(3) 更换电池时先用专用工具将电筒的尾盖旋下，取出筒内电池，换上新电池即可(注意正极朝前)。

6.3.4　注意事项

(1) 经常检查并保证灯头壳与套筒体之间结合紧密，以增强防水、防爆和抗冲击的能力。

(2) 在腐蚀性环境或海水中使用后应将电筒表面揩拭干净。

(3) 电筒出现故障时，必须交由专业人员进行维护。

(4) 充电必须在安全场所进行。

(5) 每次使用后应及时充电。

6.4 手提防爆探照灯

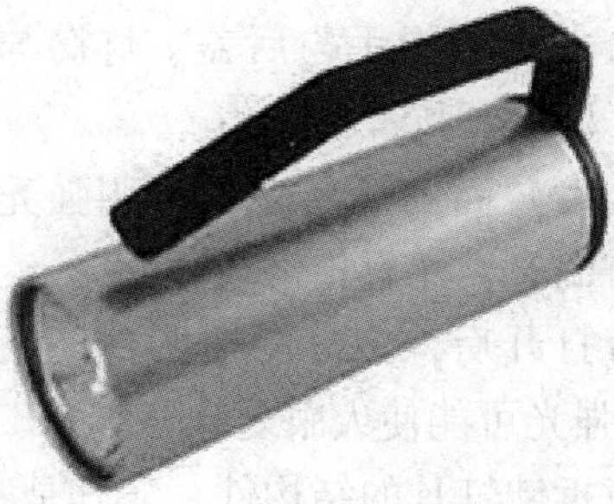

6.4.1 用途

JW7100 手提式防爆探照灯可用于各种易燃易爆场所、水下工作、各种巡视、检修和抢险以及其他工作现场提供移动照明。

6.4.2 特点

(1) 强光光通量 1200lm，射程达 600m，连续工作时间可达 1.5h；工作光光通量 600lm，连续工作时间不低于 3.5h。

(2) 具有深度潜水能力，能在 200m 水下长时间正常工作。

(3) 一次充满电后，可在 45 天之内随时使用；若长期放置不用，使用前应充电 10h。

(4) 设有低电压保护和防误操作装置，不用时可将开关锁死，正常使用时后盖自动锁定。

6.4.3 使用方法

(1) 使用时，先将后盖上的开关锁拨向上方，然后向左或向右拨动开关拨轮选择强光或工作光方式；使用后，应将开关锁拨向下方，锁住开关，以防开关误动。

(2) 更换灯泡时，先把开关锁拨向下方，将开关拨轮锁住，再把后盖旋松整体拉出，取下坏灯泡，将新灯泡插入灯座插孔(必须插到底部)，最后将后盖装上并旋紧。

6.4.4 注意事项

（1）更换光源、充电及拆卸灯具必须在安全场所进行，每次使用后应及时进行充电。

（2）经常检查并保证提手与后盖、灯筒与后盖之间结合紧密，以增强防水、防爆和抗冲击能力。

（3）在环境温度较高的场所充电或用强光长时间连续放电时，电筒表面略有温升，此属正常现象。

（4）严禁将灯打开后，把灯的透明件朝下放置；勿将灯光直接照射人眼(因强光可能使人眼受到伤害)。

（5）不要随意拆卸灯具的结构件，尤其是密封结构件。

（6）在腐蚀性环境或海水中使用后应揩拭表面。

6.5 信号方位灯

6.5.1 用途

用于消防人员在夜间及黑暗的环境中使用，便于指挥员及队友在灭火战斗及演练中观察作战人员的方位。

6.5.2 特点

（1）颜色有多种，穿透力强，可在 4800m 内肉眼可视，对雨水及雨雾的穿透能力为 300~500m。

（2）防爆，为防爆安全最高等级。

（3）防水耐腐蚀，可在水下100m深度工作，连续工作100h以上。可在强腐蚀环境中正常工作。

（4）工作环境，可在-60℃严寒或150℃高温下正常工作。

6.5.3 使用方法

（1）夹扣 拉开压片，弹片与外壳之间自动张开，卡入软性支撑物，按下压片，即可固定在支撑物上。

（2）吊挂 拉开压片，吊环可轻松转动到你需要的任意角度，然后按下压片即可用吊环挂在支撑体上。

（3）捆绑 用黏胶带捆绑在手臂上或身体其他部位。

6.5.4 注意事项

（1）若长期不使用应取出电池，防止电池液泄露腐蚀部件。

（2）方位灯不亮或光线微弱，应更换电池。

（3）更换电池后，两个不锈钢螺丝应完全拧紧，以确保防水防暴性。

6.6 消防员呼救器

6.6.1 性能

具备防水、防爆、耐挤压、耐高温等性能，壳体为透明色，静止报警时间20～30s，报警响声大于95dB，连续报警时间>200min，连续开机时间≥19h，欠压警示电压7.2V，电源可连续使用不低于5h。质量≤210g(包括电池)。五级气动自润滑伸缩杆，最大高度5m，进口YAMAHA汽油发电机，燃油箱12L，4×500W防水防尘碘钨灯。2000W照明，360°任意改变方向、垂直方向180°旋转。带小车、气动升降。

6.6.2 用途

用于灾害现场移动照明和移动型升降万向照明系统。

6.7 移动型升降方向照明系统

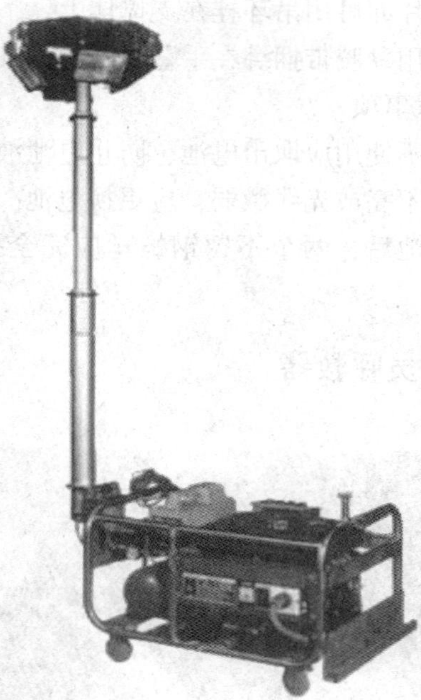

6.7.1 用途

用于灾害现场移动照明。

6.7.2 特点

具有质量轻、体积小、操作方便等优点，5s举升速度，安装4kW照明灯，配置2.5kW发电设备，升高高度3m、4m、5m、6m、8m，根据需要，可将气动举升杆配置在消防车以及其他需要配置的地方。采用数码逆变器汽油发电机组，性能稳定、轻巧携带方便；采用气体光源，寿命长、光效高、照距远，灯具升降系统可在1.45~2.8m范围内任意升降，可连续工作10.6h。可以折叠，具有走行轮锁定机构，便于在各种地面条件下固定；灯具防水性能好，可以在雨天作业。

7 通讯器材

7.1 摩托罗拉 CDR700 中转台/基地台

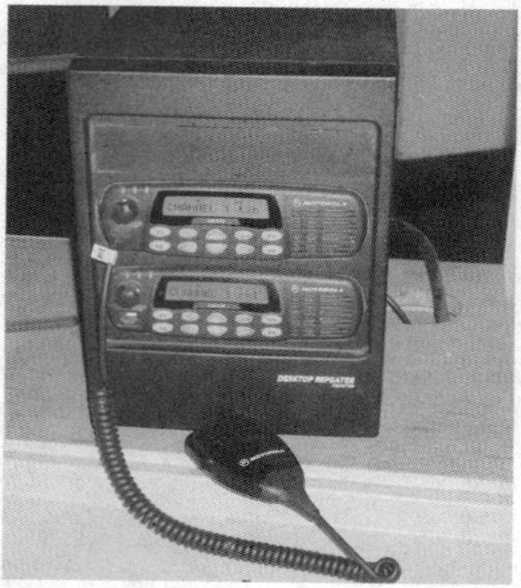

7.1.1 用途

最适合分散作业各单位之间的信息传递和联系沟通，也可以混合使用两种频段以定制双向或跨频段转发台。

7.1.2 性能

重量 12.8kg，外形尺寸为 310mm×211mm×318mm（长×宽×高）。美国军用标准-810C. D. E

7.1.3 注意事项

（1）加强设备维护保养，按时进行检查，非专业人员不得进行私自拆卸处理。

（2）环境温度保持在规定的范围（15~30℃）

7.1.4 使用方法

LED 状态指示灯可以清楚地显示对讲机的工作状态。

接受信息过程和话筒保持一定距离，讲话前需停止瞬间进行。

7.2 摩托罗拉车载台

7.2.1 用途

最适合移动作业各单位之间的联系沟通。

7.2.2 性能

频率范围 136～174MHz，438～470MHz。电源 13.8(11～16.6)VDC 负极车辆接地，外形尺寸 44mm(高)×169mm(宽)×118mm(厚)，重量 1.01kg。

7.2.3 注意事项

加强设备维护保养，按时进行检查，非专业人员不得进行私自拆卸处理。

7.2.4 使用方法

LED 状态指示灯可以清楚地显示对讲机的工作状态。调整好信道，按住喊话器开关直接喊话。接受信息过程和话筒保持一定距离，讲话前需停止瞬间进行。

7.3 摩托罗拉对讲机

7.3.1 用途

适合移动作业各单位之间的联系沟通。

7.3.2 性能

防爆型，16条信道，重量420g，镍镉电池HNN9011。供电时间：高功率为8h，低功率为10h。工作温度-20～+55℃ 工作湿度 5%～90% 工作高度 55m 存储温度-20～60℃ 存储湿度0～90%。

7.3.3 注意事项

（1）禁止强烈磕碰，避免在阴雨天气里使用。

（2）为了保护电池请按时进行充电。

7.3.4 使用方法

（1）调节同型号对讲机在合适的通讯频道。

（2）通话状态LED状态指示灯可以清楚地显示对讲机的工作状态。

（3）调节音量到最佳位置。

8 消 防 梯

8.1 两节拉梯

8.1.1 用途

适用于队员训练、演练抢险救援和高空作业。

8.1.2 注意事项

（1）检查拉梯整体是否牢固，滑轮、拉绳钩、活动撑脚是否完好无损。

（2）使用地脚支点牢固。

8.1.3 使用方法

（1）用拉绳调节拉梯到适当的长度。

（2）固定拉梯地脚支点稳定后使用。

8.2　三节拉梯

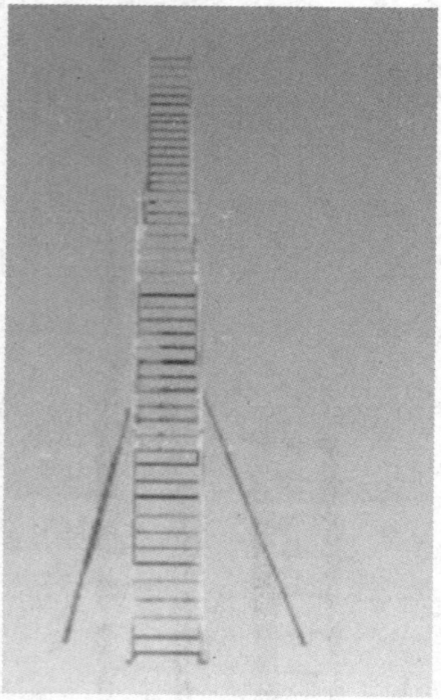

8.2.1　用途

铝合金三节拉梯主要用于中、小型城市在无举高车，普通梯又达不到高度的场所，是消防员登高救人，扑救火灾的重要工具。

8.2.2　规格参数

承载重量 3 人或 324kg，横档间距为 30cm，长度最大可扩至约 15m，最短可缩为约 5.4m，自重约 71kg。

8.2.3　使用方法

用拉绳调节拉梯到适当的长度。

固定拉梯地脚支点稳定后使用。

8.3 挂钩梯

8.3.1 用途

用于灭火战斗和抢险救援时使用。

8.3.2 性能

该挂钩梯具有稳定性强、实用性广、安全系数高的特点，它通过安装在挂钩梯盖板内的活动钩齿，使未受力的活动钩齿仍处于伸出状态与悬挂面紧紧接触，使挂钩梯牢固地挂在物体上不会滑落，确保了挂钩梯在灭火战斗中的安全使用。

8.4 单杠梯

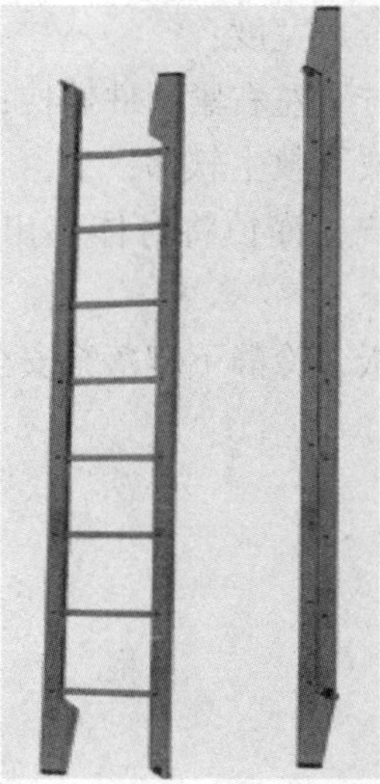

8.4.1　用途

用于灭火战斗和抢险救援时使用。

8.4.2　性能

轻便、携带方便。

8.5　消防软梯

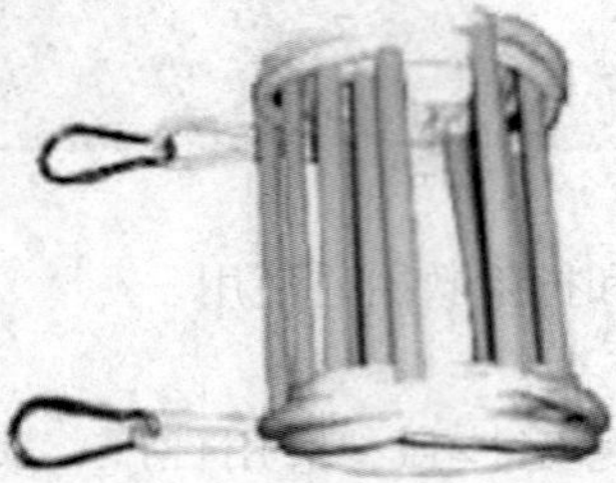

8.5.1　用途

用于抢险救援，高空逃生。深井救援。

8.5.2　使用方法

（1）取出逃生软梯，捆绑梯子向外；

（2）调节梯钩至合适宽度；

（3）锚紧墙体，拧紧左右紧固件螺栓；

（4）解开绳扣，放下救生软梯；

（5）双手扶住窗户，谨慎将身体移出窗外，脚踩住救生梯踏板；

（6）双手抓牢踏板，冷静下爬落至安全的地方。

9 救 生 器 材

9.1 急救药箱

9.1.1 用途

盛装急救所需的必要药品。

9.1.2 注意事项

保持箱体卫生清洁、液体药品密封后放置。

9.1.3 使用方法

调节背带到最佳位置适合自己。

9.2 多功能担架

9.2.1　用途

用于灾害事故现场救援。

9.2.2　性能

尺寸：2m×50cm，拉伸强度不低于6000N，自重不超过11kg，最大载重150kg。

9.2.3　使用方法

对头部、腿部及手部加以全身性固定，另两条平升带可配合直升机使用。

9.3　折叠担架

9.3.1　用途

用于灾害事故现场救援。

9.3.2　性能

用高强度铝合金材料制成，适用于各种环境下救护转送病人，特别适用于医疗救护部门与救护车配套使用。

9.3.3　使用方法

对头部、腿部及手部加以全身性固定。

9.4　救生气垫

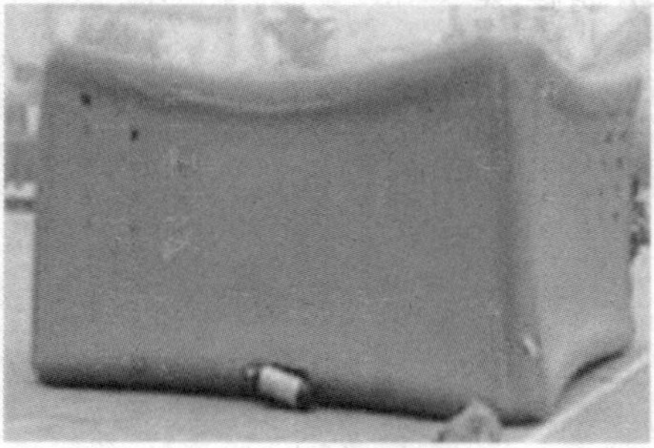

9.4.1 用途

救生气垫，是一种高空逃生的救生设备。它具有充气时间短，缓冲效果显著，操作方便，使用安全可靠等特点。

9.4.2 特点

采用具有阻燃性能的高强纤维材料制成，充气后气垫高为2.20m、2.5m，平面面积最大可达48m^2，顶面中间部位设有反光标志，使逃生者在高处易于看准目标。适用接救高度14m、16m。

9.4.3 使用方法

用排烟机将气垫充起约2min，气垫在使用过程中不得将排烟机停止。充气垫由缓冲包、安全排气口、充气内垫等组成。

9.5 火场侦检系统

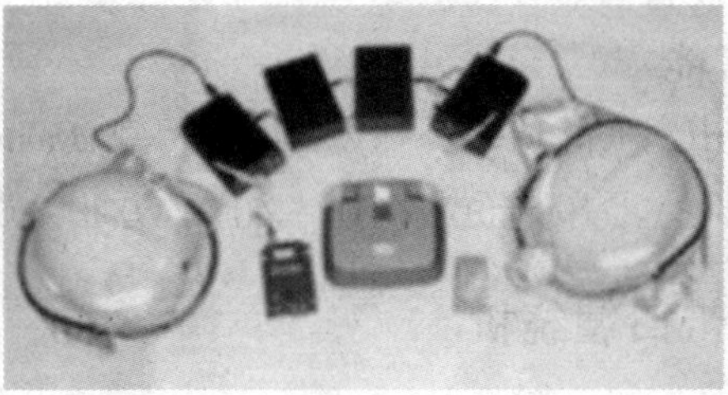

9.5.1 用途

用于火灾现场及事故现场的侦查。特别用于烟雾及黑暗环境中的侦检。

9.5.2 性能

音视频无线传输距离可达3km，同步传输音视频信号，发射与接收系统均具有1~4频道可供选择，发射机电源为可充式锂电池，保证连续工作时间小于2h。

9.5.3 使用方法

显示系统为车载型，安装于指挥车中，具有遥控操作方式，接收系统具有手动和自动切换两种模式。

9.6 等离子切割器

9.6.1 用途

适用于普通碳钢、不锈钢、铝、铜、钛及各种相应的合金等的理想切割设备。

9.6.2 性能

220V 单相电，实际功率 7.1kW。最大切割 20mm(不锈钢)，延迟送气时间(12+3)s，额定负载持续率 40%~60%，重 13kg。

9.7 水带口缠绕机

9.7.1 用途

用于消防水带扎接。

9.7.2 使用前检查

（1）蜗轮减速油箱 90#齿轮油是否充足。

（2）打气泵中变压器油是否充足。

9.7.3 使用方法

（1）将铁丝绕到线轮上供扎水带机构使用。

（2）接上 220V 交流电，合上漏电开关。

（3）向右旋转电源开关使其弹出。

（4）打开扎带机门，将线轮安装到线轮驱动机构上拧紧锁母。

（5）将铁丝的一端穿过绕线导向机构并固定在线轮母上。

（6）装上铁丝导向机构的压线轮。

（7）启动脚踏开关进行绕线，注意均匀，必要时可以用手摆动绕线导线机构。

（8）取下线轮。

9.7.4 扎水带接头方法

（1）装上水带头锁胶、内径片，装好并拧紧螺母，将绕有铁丝的线轮安装到线轮轴上。

（2）将弹簧座、弹簧、弹簧座、摩擦片、线轮、摩擦片、压块按顺序安装好，调整手轮。

（3）扎上水带接头，顺时针拧转水带接头的锁定开关，锁定水带接头。

（4）将铁丝从线轮上接出顺时针绕过导向轮后在水带上转一圈绕过轴将铁丝的端头在铁丝钩上固定好。

（5）启动脚踏开关进行缠绕 4~5 圈为一层，进行第二层操作，压住铁丝顺时针调整导向轮即可。

（6）重复上述步骤。

9.7.5 注意事项

（1）电流开关 用于紧急情况切断电源，停止机器运转，按下则停，向右旋转则自动弹出合上开关，此时电源指示灯亮。

(2) 电源指示灯 亮点绿色表示接通电源，反之。

(3) 气压表 指示系统气体压力，正常操作压力为 $5kgf/cm^2$。

(4) 锁紧开关 顺时针方向锁紧水带接头，反之。

(5) 脚踏开关 A 控制线轮驱动机构旋转，将铁丝绕到线轮上。B 控制扎水带机构的旋转进行水带接头的捆扎。

9.8 空气填充泵

9.8.1 用途

为检测合格的空气呼吸器瓶冲压。

9.8.2 注意事项

(1) 控制油箱液位在 1/2~2/3 位置。

(2) 使用标准合格的润滑油，压缩机运行时间(参考运行记录)不得超过 100h，否则润滑油必须更换，中途发现润滑油异常或变质应及时进行更换。

(3) 使用压缩机前后应打开凝液罐排放阀进行排液，在潮湿天气或压缩机需要长时间运行中途要及时排液体。

(4) 气瓶冲气安装后启动压缩机，当出口压力达到 200MPa 方可开冲气阀给气瓶充到规定压力。

9.8.3　操作前的检查

（1）检查油量是否符合要求；油质是否清澈透明。

（2）检查各部件是否完好，有无损坏。

（3）密封件是否齐全、完好。

（4）开关是否灵活、好用。

（5）排污阀是否关好，里面是否有残液。

（6）吸气口是否畅通，没有堵塞。室内空气新鲜，无异味。

（7）电路是否已接通。

（8）待充气瓶是否完好，有无划痕，瓶阀是否灵活好用。

9.8.4　开机

（1）将气瓶与压缩机输出口连接，并打开连接供气阀，注意气瓶阀应关闭。

（2）开机，听机器运行是否正常，如有杂音，应立即停机检查。

（3）当压缩机压力到 25MPa 时，慢慢打开气瓶阀向气瓶充气。

（4）观察机器运行情况及压力上升情况。

9.8.5　停机

（1）当压力达到 30MPa 时，停机关上气瓶阀，泄压，断开气瓶与压缩机的连接。

（2）将电源总闸断开。

（3）将机器内的残液放净。

（4）检查气瓶是否严密、漏气。

10 仪器类

10.1 四合一气体检测仪

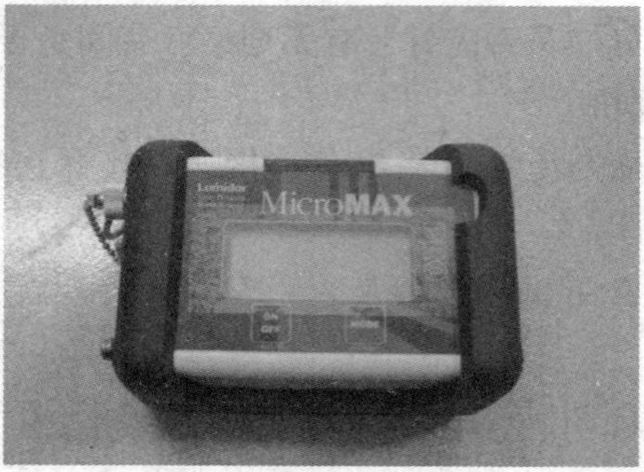

10.1.1 用途

适用场所：石化、煤炭、化工、市政燃气等多种场所现场检测。可以实现特殊场合测量需要。可对坑道、管道、罐体、密封容器等进行气体浓度探测或泄漏探测。

10.1.2 特点

高度智能化技术，操作简便、稳定可靠。报警点可根据用户要求设定，二级声光报警功能。大屏幕 LED 显示。电池电压指示。泵吸启动功能。自动背景功能、报警振动功能。

10.1.3 使用方法

（1）使用前应先充电，开机按 ON 键 3s，开机后有 30s 自动校零功能。

（2）等待校零后，再按 MODE 键对准要检测的方位进行检测。

（3）关机按 OFF 键 3s 该机自动关机。

10.2　可燃气体检测仪

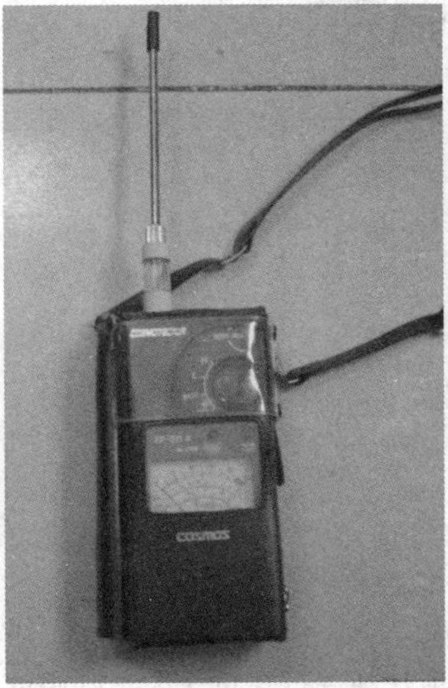

10.2.1　用途

是一个被设计为可以探测和度量多种危险气体的通用型的检测仪器。它可以用于试验室，气柜和其他需要便携式或者临时性气体检测的场合用来探测有毒气体和腐蚀性气体。

10.2.2　特点

它由两个必备的部件组成，一个是抽取模块，一个是配有传感器延长线的气体检测模块。可以具有传感器和流量进行自我诊断的功能。出于优化通用性和灵活性的考虑，使用“即插即用”型的传感器，这样可以很容易在现场对传感器进行更换。

10.2.3　技术参数

（1）电池容量 8h。

（2）工作环境 -20～+40℃（-4～+104 ℉），湿度（非凝结）

10%~95% RH，压力 700~1300kPa。

（3）响应时间<30s（10m 管）。

（4）操作单元寿命大于 1 年，传感器服务周期 6 个月。

10.3 苏生器

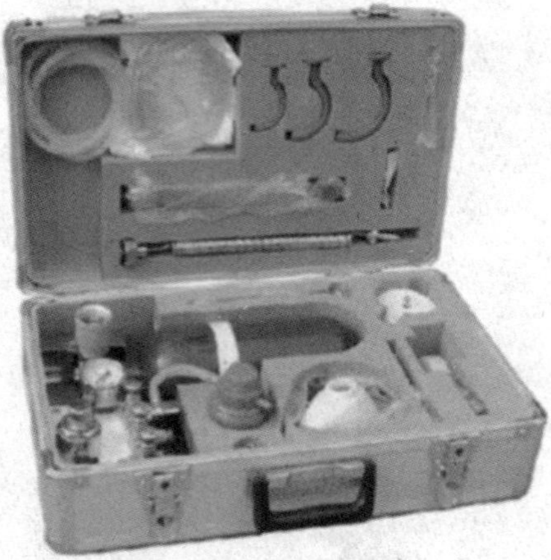

10.3.1 用途

苏生器是一种自动进行正负压人工呼吸的急救装置。它能把含有氧气的新鲜空气自动地输入到伤病员的肺内，然后又自动将伤病员肺内的气体抽除，并连续工作。是消防救人理想的常备急救装置/仪器，在紧急情况下提供第一时间的救护，清除病人呼吸道内杂物；对无自主呼吸病人进行强制性呼吸（代替人工呼吸）；对需输氧病人供氧。具有体积小、重量轻、操作简单、性能可靠、携带方便等特点。

10.3.2 主要技术指标

氧气瓶公称工作压力：20MPa

氧气瓶公称容积：1L

自动肺换气量调整范围：12~25L/min

呼吸阀供气量：>15L/min

吸痰器吸引压力：-60~-3kPa

外形尺寸：(440×300×150)mm

整机重量：7kg

10.3.3 使用方法

压力在规定的指示范围，打开供气阀门将呼吸面罩佩戴在被抢救人员面部。

10.3.4 注意事项

建立健全检查维护保养制度，每季度对这些设备进行一次全面检查和检测，及时维修更换和淘汰，确保应急救援设施设备时刻处于最佳状况和临战状态。

10.4 热成像仪(ISI 2500 型)

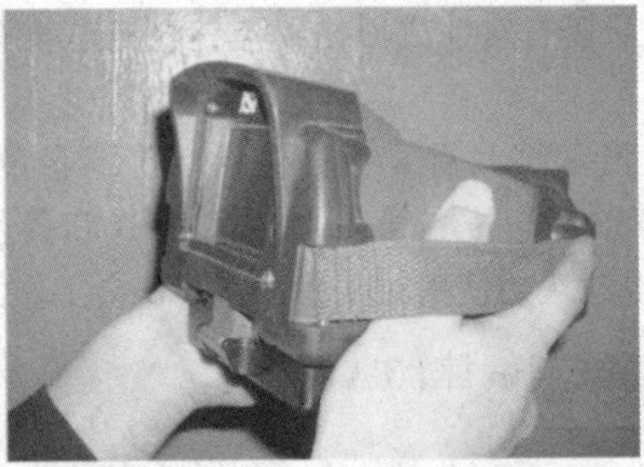

10.4.1 用途

热成像仪具备满足经过训练的人员在黑暗或充满烟雾的环境中辨别方向及物体的能力，它能用于搜索，救援，火源定位，危险品 Hazmat 和检查。

10.4.2 使用方法

(1) 开机-按下黄色键约 1s 后放开，大约 3s 后，成像仪屏幕上会成像，对准要搜索、救援及火源位置进行工作。

(2) 关机-按黄色键约 3~5s，图像消失后放开。

10.4.3 技术参数

尺寸、重量：15.9cm×15.8cm×20.3cm、1.9kg。

传感器：非晶硅微幅设计。

电源及工作时间：7.2V，4.5A，可充电镍氢电池，工作时间 4h。

观测角度：50°×35°

热敏感度：100MK

图像输出：ELA，523 线，60Hz

10.4.4 注意事项

（1）光学镜头及观察镜的保养。要使用镜头纸以及专业镜头清洁剂，不要使用普通的纸巾或任何其他粗糙的材料擦洗。

（2）在仪器不使用时建议还要将电池留在机器内，除非内部的充电装置已连接工作。当电池处于仪器内部时比在外部保存会更快地耗尽电能。

（3）每周例行检查充电器及指示灯是否工作正常，尤其是充电器的触点是否有腐蚀或损伤，检查电池是否有损伤、泄露、腐蚀迹象。

（4）LED 指示灯共有 4 个，包括 2 个绿色的上端绿色灯，表示工作大约 30～45min，第二个绿色 LED 和黄色 LED 会工作 3h（或者根据电池块的使用时间）红色 LED 会工作大约 15min。

10.5 漏电测试棒（TAC）

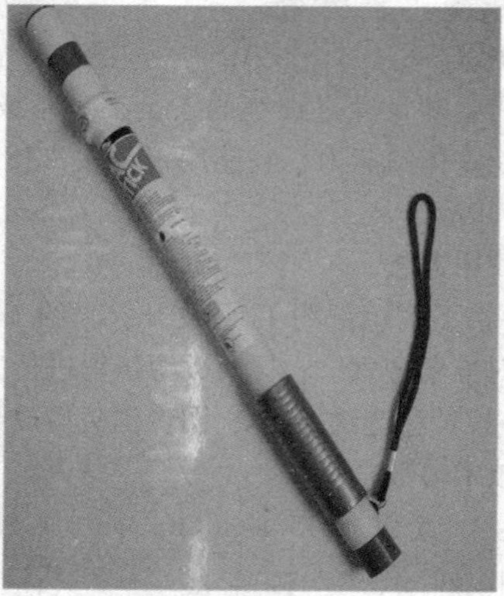

10.5.1 用途

可测试到消防灭火或灾难拯救的范围内，有无交流电存在，减低消防员或拯救人员的危险。最远的测距可超过 150m 距离。主要探测频率在 20 ~ 100Hz 交流电(发电机交流频率在 50 ~ 60Hz)。该测试仪具有高感和低感两种测试方式选择。高感设定用于远距离测量，低感用于近距离测量，可以在 15ft(英尺，1ft = 0.3048m)内测量到任何方向的漏电源头。

10.5.2 特点

该棒长 2ft，外壳由硬塑胶制成，可以在无照明的情况下使用，操作简便，设定 LED 与 BB 声光报警。内置自测系统。坚固结构。4AA 电池，电量消耗小，间歇工作可用一年。连续长开可用 300h。电池低电压警告。仅两磅重。工作环境温度 −30 ~ 50℃。

10.5.3 使用方法

该检测棒有 4 个挡位 OFF 关机挡，HIGH 为高敏感度挡，LOW 为低敏感度挡，FRONT 为有障碍物时使用挡。当 TAC 棒测试到有漏电时，前端会有灯光闪烁，并伴随着警报声，越靠近漏电源头，灯光闪烁越快，且警报声越响。使您能迅速地找到漏电源头，及时离开危险区域。

10.6 安全警戒带

用于消防火灾现场、事故现场、气体防护现场。迅速隔离群众，起到良好的警示作用。

10.7 高音喇叭

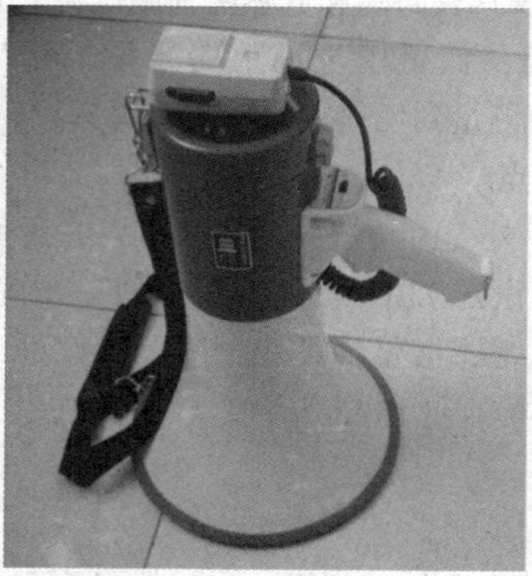

10.7.1 用途

用于作业活动场所的呼叫、广播。

10.7.2 性能

讲话传送范围超过350m，警号传送范围超过500m；防回音电路，单向扩音开关。额定输出15W；最大输出23W。电源：8枚1号干电池，喊话约6h，警报约10min；重约1kg。

10.7.3 使用方法

舒适手把，单向扩音开关，一按即用。

10.7.4 注意事项

说话时不要靠近和正对着喇叭单元，功放音量也要由小到大慢慢加，千万别一口气开到最大。

11 消防车

11.1 博浪涛举高车

11.1.1 支腿部分操作程序

（1）车辆到现场后，首先要观察地形，严禁支腿脚压在下水管道或井盖上。

（2）严禁在高压电线下方停车。

（3）在斜坡上停车，驾驶室正面应面向下方。

（4）应尽量使车尾部或侧面朝向火场。

（5）机车尾部或侧面距离工作目标大约在 7~15m，并确认伸缩壁上方没有障碍物。

（6）将机车停好后，踏下离合器，将变速杆放在空挡位置，拉上手刹车。

（7）踏下离合器，大约 3s 后挂上 PTO，轻轻抬起离合器踏板。

（8）下车后，确认支脚横梁有足够的伸出空间，地面坚硬，足以承受脚盘压力。否则必须在四个支腿底部放置垫板，以保证使用安全。

(9) 打开车尾部支腿控制中心盖门，按下液压系统主电源开关。

(10) 扭开动力输出开关(RPM)至“1”挡。

(11) 支腿时应注意观察两侧有无人员或障碍物，注意安全。

(12) 在确认两边绝对安全的前提下可以同时拉开两边的支腿横梁手柄，使四个支腿横梁完全伸开，然后将后面的两个支腿放下少许。

(13) 根据现场情况，是否在四个支脚下面放好支撑木板。

(14) 往后同时拉开两个前支脚手柄，直到两前轮离开地面，看纵向水平仪到“2.5度”。这时横向水平仪应在“0度”位置(如果不在“0度”位置，可将两个前脚手柄相互调整，直到横向水平仪调到“0度”位置)。

(15) 往后同时拉开两个后支脚手柄，直到纵向水平仪到“0度”，这时横向水平仪应在“0度”位置(如果不在“0度”位置，可将两个后脚手柄相互调整，直到横向水平仪调到“0度”位置)。

(16) 检查左右支脚工作灯是否全亮，四轮是否离地，四个支脚是否全部受力。

(17) 确认四个支腿工作正常后，关掉动力输出开关。即RPM扭到“0度”的位置。

(18) 锁好支脚安全锁销(车上以配备)，以防发生意外事故。

11.1.2 伸缩臂和转盘部分操作程序

(1) 如果在下面操作伸缩臂，把转换开关调到“1”的位置，如果在工作斗上操作，把转换开关调到“2”的位置。

(2) 打开操作控制台的保护盖。

(3) 首先往后拉动二臂控制手柄，目的是先收一下二臂(切记)。

（4）向前先慢后快推动一臂控制手柄，使一臂升起到40°角以上。

（5）向前先慢后快推动二臂控制手柄，使二臂升起到至少50°角以上，这时一臂、二臂、伸缩臂可同时操作到所需高度和角度。

（6）向前或向后先慢后快地推动旋转控制手柄，使其转到所需位置。

（7）用水炮控制按钮，把水炮对准目标。

11.1.3　消防水泵操作程序

（1）踏下离合器踏板，往上拉开水泵控制开关，挂上8挡，大约3s后慢慢抬起离合器（这时消防泵指示灯亮）。

（2）用水炮控制按扭，把水炮调向火场。

（3）用手动油门控制出水压力，把水和泡沫射向火场。

11.1.4　伸缩臂收起的操作程序

（1）打开车尾部的消防水管路放水开关，打开工作平台上的放水开关，必须把消防车管道里的水放干净。

（2）打开消防泵放水开关。

（3）往后拉动伸缩臂控制手柄，使伸缩臂完全收回。

（4）往后拉动二臂控制手柄，使二臂完全收回。

（5）用旋转控制手柄，把一臂转回原位，这时复位灯亮，证明一臂已对准回位支架。

（6）往后拉动一臂控制手柄，使一臂完全放回原支架上。

（7）关好操作台的保护盖。

11.1.5　支腿横梁和支腿收起的操作程序

（1）打开车尾部支腿控制中心盖门。

（2）打开动力输出开关（RPM）至“1”挡。

（3）取出支脚安全锁销。

（4）往前同时推动左右两个后支脚手柄，使左右两个后支脚完全收回。

(5) 往前同时推动左右两个前支脚手柄，使左右两个前支脚完全收回。

(6) 在确认两边绝对安全的前提下可以同时推动两边的支腿横梁手柄，使四个支腿横梁完全收回。

(7) 关掉动力输出开关(RPM)至“0”位，关上支脚控制中心盖门。

(8) 踏下离合器踏板，关掉PTO，操作完毕。

11.1.6 车辆相关参数(表11.1)

表11.1 博浪涛举高消防车相关参数

车辆名称	博浪涛举高消防车	车辆型号	F42HDT2000
购置价格	620万元	制造厂名	芬兰博浪涛
发动机号码	440990-10-93746	底盘号码	6590281K314727
使用日期	2000年		
车辆参数			
最高时速	90km/h	车辆长度	11700mm
最大牵引力		车辆宽度	2500mm
满载总重量	31.5t	车辆高度	3900mm
空车时重量	14.7t	载重量	16.8t
发动机规格			
发动机名称	四冲程柴油机	发动机型号	
气缸工作顺序	1-3-5-6-2-4	最大功率	380hp(1hp=735W)
制造厂名	梅赛德斯-奔驰	制造日期	1998年
车辆容量数据			
燃料油	200L	变速器齿轮油	16L
发动机油底壳	20L	转向器齿轮油	
后桥齿轮油		冷却水	70L

11.1.7 注意事项

水泵的出水压力是16bar($1bar=10^5Pa$)，所以供水压力不能小于5bar最大不能超过15bar。出水时，如果一臂和二臂角度处于升起最大角度时，必须将一臂和二臂的角度降下少许，以防出水时炮的后坐力损坏设备。出水完毕后及时把水泵挡及变速箱挡摘掉(摘下水泵挡及变速箱挡时必须踏下离合器)。

11.1.8　特别提示

车辆在行进当中严禁空当滑行。

11.2　马基路斯泡沫干粉联用车

11.2.1　水、出泡沫的操作程序

(1) 打开驾驶室总开关。

(2) 按下水罐开关按钮，指示灯亮。

(3) 按下手动按钮，待指示灯闪烁停止后。

(4) 再按下自动按钮，待指示灯闪烁停止后。

(5) 再按下压力调节按钮，把压力调整到所需压力。

(6) 如不需要泡沫，再按下泡沫罐至比例器按钮，并按下比例器按钮6%。

(7) 打开驾驶室内遥控盘上的总开关。

(8) 用操纵杆把炮转移到所需的位置和角度。

(9) 按下开炮按钮，把水和泡沫射到火场。

(10) 根据火场需要，选择炮流量6000L/min或3000L/min。

11.2.2　行进中在驾驶室内操作出水、出泡沫程序

(1) 挂上低速挡(二挡)。

（2）打开总开关。

（3）踏下离合器踏板，挂上 PTO 开关。

（4）按下轮胎喷淋保护按钮，按下车身喷淋保护按钮。

（5）按下操作盘上的水罐到水泵按钮。

（6）如需要出泡沫，再按下泡沫罐至比例器按钮，如不需要出泡沫，不按此按钮。

（7）并按下比例器按钮 6%。

11.2.3 出干粉操作程序

（1）打开驾驶室内干粉操纵电源总开关。

（2）打开动力源开关。

（3）慢慢打开氮气总节门，看干粉罐工作压力表，达到出干粉压力 14kgf/cm^2 后。

（4）再打开干粉炮或干粉枪开关，把干粉射向火场。

11.2.4 干粉炮、干粉枪、吹扫操作程序

（1）待出粉完毕后，打开干粉炮吹扫开关，断续式吹扫干粉炮直至流出净氮气，然后关闭此开关。

（2）打开干粉左或右枪吹扫开关，断续式吹扫干粉左或右枪，直至流出净氮气，然后关闭此开关。

（3）关闭氮气动力源开关。

（4）关闭氮气总节门。

（5）打开干粉罐泄压开关，进行干粉罐泄压，待排气管排不出气来时，关闭此开关。

（6）关闭驾驶室内干粉操纵电源总节门。

11.2.5 车辆相关参数(表 11.2)

表 11.2 马基路斯泡沫干粉联用车相关参数

车辆名称	马基路斯泡沫干粉联用车	车辆型号	MP260E37
购置价格	420 万元	制造厂名	德国 IVECO
发动机号码	48870	底盘号码	022405

续表

车　辆　参　数			
最高时速	93km/h	满载时前轴	
满载总重量	26t	车辆长度	9720mm
空车时重量	14t	车辆宽度	2500mm
载重量	12t	车辆高度	3700mm
发　动　机　规　格			
发动机名称	四冲程柴油内燃机	发动机型号	8210. 42KTCA
最大功率	370hp	发动机重量	1100kg
气缸工作顺序	1-5-3-6-2-4	气缸直径	137mm
活塞行程	156mm	压缩比	
活塞总排量	13798cm	最大扭矩	179. 7kgf · m
车辆各部位容量数据			
燃料油	280L	变速器齿轮油	12. 5L
发动机油底壳	22L	转向器齿轮油	5L
后桥齿轮油	48L	冷却水	60L
消　防　装　备			
水罐容量	4000L	干粉罐容量	3000L
泡沫罐容量	4000L	出干粉工作压力	14kgf
水泵型号	MB610 离心泵	干粉泡流量	40L/s
引水时间	25s	干粉枪流量	5L/s
扬程	100m	干粉泡射程	40m
进水口径	125mm×2mm	干粉枪射程	15m
出水口径	80mm×4mm	钢瓶只数	9 只
水泵流量	6000L	钢瓶压力	140kgf
水泵工作压力	1. 6MPa	水泵工作压力	1. 6MPa
泡沫射程	75m	水射程	80m
设计流量	7000L/min	发动机转速	1900r/min

11.2.6 注意事项

(1) 各操作按纽指示灯闪烁停止后，再按下一个按钮。

(2) 收起关闭时各部位按钮时，必须采取先开后关的顺序，否则造成内部程序混乱和故障，严重将造成机件损坏。

(3) 在冰雪、泥泞和需提前减速时，应尽量采用排气制动，以免因车辆吨位大而造成制动蹄片、刹车轮毂不必要磨损。

(4) 出完泡沫必须按冲洗程序要求清洗干净。

(5) 在升起使用车尾部照明灯时，一定要注意观察周围情况，保证安全。

(6) 按时对随车发电机进行保养检查，按时起动发动机检查。在使用四轮驱动时，不能打动方向盘，否则将损坏后桥差速器齿轮箱等部件。

11.2.7 特别提示

该车辆在行进当中严禁空挡滑行。

11.3 马基路斯泡沫车

11.3.1 驾驶室出水、出泡沫操作程序

(1) 打开驾驶室总开关。

(2) 按下水罐开关按钮，指示灯亮。

(3) 按下手动按钮，待指示灯闪烁停止后。

(4) 再按下自动按钮，待指示灯闪烁停止后。

（5）再按下压力调节按钮，把压力调整到所需压力。

（6）如不需要泡沫，再按下泡沫罐至比例器按钮，并按下比例器按钮 6%。

（7）打开驾驶室内遥控盘上的总开关。

（8）用操纵杆把炮转移到所需的位置和角度。

（9）按下开炮按钮，根据需要选择开花或直流把水和泡沫射到火场。

（10）根据火场需要，选择炮流量 6000L/min 或 3000L/min。

11.3.2　行进中在驾驶室内操作出水、出泡沫程序

（1）挂上低速挡(二挡)。

（2）打开电源总开关。

（3）踏下离合器踏板，挂上 PTO 开关。

（4）按下轮胎喷淋保护按钮。

（5）按下操作盘上的水罐到水泵按钮。

（6）如需要出泡沫，再按下泡沫罐至比例器按钮，如不需要出泡沫，不按此按钮。

（7）按下比例器按钮 6%。

（8）按下移动操作盘上的升炮按钮，把炮调整到所需位置和角度。

（9）按下出水开关，根据需要选择开花或直流把水或泡沫射向目标。

11.3.3　清洗程序

（1）出完泡沫后，首先关闭泡沫罐开关。

（2）按下泡沫清洗按钮。

（3）打开炮出水开关清洗至清水流出(约 1~2min)。

（4）打开吸水口开关和各出水口清洗至清水流出。

（5）打开水泵和管道放水阀门，放净余水后关闭。

11.3.4　吸水程序

（1）接好吸水管，关上所有阀门。

(2) 打开电源总开关。

(3) 按下自动与手动开关按钮。

(4) 按下自动开关按钮。

(5) 按下吸水开关按钮。

(6) 打开吸水口开关。

(7) 如需往车水罐补水，压力不能超过8kgf/cm^2。

11.3.5 车辆相关参数(表11.3)

表11.3 马基路斯泡沫消防车相关参数

车 辆 名 称	马基路斯泡沫消防车	车 辆 型 号	MP260E37
购置价格	200万元	制造厂名	德国IVECO
发动机号码	821042k341—447442	底盘号码	022048
车 辆 参 数			
最高时速	93km/h	满载时前轴	
最大牵引力		满载时后轴	
满载总重量	26t	车辆长度	9720mm
空车时重量	14t	车辆宽度	2500mm
载重量	12t	车辆高度	3700mm
发 动 机 规 格			
发动机名称	四冲程柴油内燃机	发动机型号	8210.42KTCA
最大功率	370hp	发动机重量	1100kg
气缸工作顺序	1-8-4-3-6-5-7-2	气缸直径	137mm
活塞行程	156mm	压缩比	
活塞总排量	13798cm	最大扭矩	179.7kgf·m
制造厂名	德国IVECO	制造日期	

续表

车 辆 容 量 数 据			
燃料油	280L	变速器齿轮油	12. 5L
发动机油底壳	22L	转向器齿轮油	6L
后桥齿轮油	27L	冷却水	45L
消 防 装 备			
水罐容量	6000L	进水口径	130mm×2mm
泡沫罐容量	6000L	出水口径	80mm×4mm
水泵型号	MB610 离心泵	水泵流量	6000L/min
引水时间	45s	水泵工作压力	1. 6MPa
扬程	100m	泡沫发射量	480L/s
设计流量	7000L/min	泡沫射程	75m
发动机转速	1900r/min	水射程	85m

11. 3. 6 注意事项

(1) 驾驶室顶部有车身喷淋保护管接口，在需要掀起驾驶室楼子时，必须先把接口打开。

(2) 各操作按纽指示灯闪烁停止后，再按下一个按钮。

(3) 收起关闭时各部位按钮时，必须采取先开后关的顺序，否则造成内部程序混乱和故障，严重将造成机件损坏。

(4) 在冰雪、泥泞和需提前减速时，应尽量采用排气制动，以免因车辆吨位大而造成制动蹄片、刹车轮毂不必要磨损。

(5) 出完泡沫必须按冲洗程序要求清洗干净。

(6) 马基路斯车升炮后，旋转第一圈时，必须顺时针旋转一圈后，才能逆时针旋转。

(7) 在升起使用车尾部照明灯时，一定要注意观察周围情况，保证安全。

(8) 按时对随车发电机进行保养检查，按时起动发动机检查。

11.4 斯太尔泡沫车

11.4.1 出水、出泡沫操作程序

(1) 踏下离合器3s。

(2) 打开泵挡开关。

(3) 打开车尾部水罐节门开关。

(4) 把炮调整到所需位置和角度。

(5) 打开出炮开关。

(6) 如果需要泡沫，将泡沫开关打开即可。

11.4.2 冲洗程序

(1) 闭泡沫罐开关。

(2) 在发动机怠速运转下，挂上泵挡进行冲洗。

(3) 打开水炮开关冲洗至清水流出，关闭炮出水开关。

(4) 把炮调到最低放出水炮内存水。

(5) 打开各出水口开关，直至清水流出，关闭各出水开关。

(6) 关闭泵挡开关，打开外吸泡沫口开关，进行冲洗。

(7) 关闭水罐节门。

(8) 打开水泵及管道阀，放净内部存水后，关闭各放水阀开关。

11.4.3 高压水枪出水程序

(1) 踏下离合器3s。

(2) 打开泵挡开关。

(3) 打开车尾部水罐节门开关。

(4) 拉开软管制动手柄。

(5) 放开高压枪卷盘。

(6) 将泵的压力调整至所需要的压力。

(7) 出水时打开高压枪开关。

11.4.4 车辆相关参数(表 11.4)

表 11.4 斯太尔泡沫车相关参数

车辆名称	斯太尔泡沫消防车	车辆型号	ZD×5190G×FPM80 型
购置价格	53 万		
发动机号码	04060517535	底盘号码	AG17775
使用日期	2004 年		
车辆参数			
最高时速	90km/h	满载时前轴	6500kg
最大牵引力		满载时后轴	10750kg
满载总重量	19000kg	车辆长度	8500mm
空车时重量	10000kg	车辆宽度	2500mm
载重量	8t	车辆高度	3500mm
发动机规格			
发动机名称	四冲程柴油内燃机型	发动机型号	WD615.61Q-1 型
最大功率	191kW	最大扭矩	830NM/(1600~1700)kgf·m
气缸工作顺序	1-5-3-6-2-4	变速器齿轮油	16L
燃料油	200L	转向器齿轮油	5L
发动机油底壳	18L	冷却水	45L

续表

消防装备			
水罐容量	2000kg	水泵流量	3000L/min
泡沫罐容量	6000kg	水泵工作压力	低压 1.0MPa，中压 2.0MPa
水泵型号	BZ25/50 型中低压泵	泡沫发射量	300L/s
引水时间	30s	泡沫射程	55m
扬程		水射程	60m
进水口径	80mm×4mm	设计流量	3000L/min
出水口径	80mm×4mm		

11.4.5 特别提示

该车辆在行进当中严禁空挡滑行。

11.5 西格那消防车

11.5.1 驾驶室内操作程序

打开电源总开关(在前仪表盘上)。

11.5.2 移动操作盘的操作程序

(1) 按下升炮按钮(这时炮的照明灯亮，如果不需要照明灯，可按下照明灯按钮，关掉照明灯)。

(2) 炮的操作杆，把炮转到火场所需的角度和位置。

(3) 按下水罐按钮。

(4) 按住炮操作杆上的炮出水开关，用压力调节钮把压力调到所需压力，进行出水。

(5) 如果需要出泡沫，按下泡沫罐开关。

(6) 按下泡沫比例器 6%。

11.5.3 动操作盘收起程序

(1) 用压力调节钮把压力调到最低。

(2) 当水的压力表降到 5kg 以下，关闭自动控制按钮。

(3) 如果用过泡沫，先关闭泡沫罐开关。

(4) 按下降炮按钮(升炮按钮)待复位指示灯熄灭后，关闭仪表盘上的电源总开关。

11.5.4 机车尾部操作盘操作程序

(1) 接好机车尾部移动操作盘上的电源插头。(要接实)。

(2) 打开车尾部操作盘上的电源总开关。

(3) 操作盘操作程序与驾驶室内操作程序相同。

(4) 如需用枪出水或泡沫时，首先按下水罐(和泵挡联动)，根据所需压力，用车尾部的(正+)(负-)油门按钮调节。

11.5.5 冲洗程序

水炮的冲洗：

(1) 水炮冲洗时，必须先把压力降到 3~4kgf/cm^2。

(2) 打开冲洗开关，待炮冲洗至净水流出。

(3) 除总电源开关外，其他按收起程序操作。

水泵的冲洗：

(1) 打开冲洗开关。

(2) 打开吸水口和出水口所有阀门。

(3) 发动机怠速运转。

(4) 按下车尾部水罐开关，冲洗至净水流出。

(5) 打开外吸泡沫开关，冲洗至净水流出。

(6) 关闭水泵按钮，关闭冲洗开关。

(7) 关闭电源总开关，把水泵和管道存水放净。

11.5.6 高压水枪操作程序

（1）首先打开机车尾部高压水枪胶管盘上的制动，将水管拉出。

（2）打开总电源开关，按下水罐开关按钮。

（3）按下低压泵后，必须在最低压力下再按下高压水泵开关按钮。

（4）打开高压水枪开关，根据所需压力，用车尾部的(正+)(负-)油门按钮调节。

11.5.7 高压水枪收起程序

（1）先将高压水泵的压力降到最低。

（2）关闭高压水泵开关按钮。关闭低压水泵开关按钮。

（3）关闭水罐开关按钮。

（4）打开低压泵和高压泵及管道各放水阀门放水开关，放净水泵及管道内存水。

11.5.8 行进中出水或泡沫程序

（1）行进挡必须保持在二挡以下，以保证有足够动力。

（2）打开驾驶室前仪表盘右侧上的泵挡开关。

（3）按下水罐开关按钮。

（4）按下移动操作盘炮升起按钮，把炮调整到所需位置和角度。

（5）如需出泡沫，则按下泡沫罐开关按钮。

（6）按下炮出水开关，把水或泡沫射向目标。

11.5.9 车辆相关参数(表 11.5)

表 11.5 西格那泡沫消防车相关参数

车辆名称	西格那泡沫消防车	车辆型号	TLF60/80-80
购置价格	300 万元	制造厂名	德国西格那公司
发动机号码	54192300270978	底盘号码	P501631K828962
使用日期	2004 年	前轮胎气压	7.5kg

续表

最高时速	90km/h	前轮胎气压	7kg
满载总重量	33t	车辆长度	10000mm
空车时重量	17t	车辆宽度	2500mm
载重量	16t	车辆高度	3950mm
发动机规格			
发动机名称	OM502LA6 缸柴油机	发动机型号	
最大功率	290kW(394hp，1800RPW)	发动机重量	
气缸工作顺序	1-5-3-6-2-4	制造日期	
制造厂名	西德奔驰公司	2003 年	
车辆容量数据			
燃料油	380L	变速器齿轮油	16L
发动机油底壳	20L	转向器齿轮油	
后桥齿轮油		冷却水	50L
消防装备			
水罐容量	8000L	引水时间	20s
泡沫罐容量	8000L	扬程	100m
水泵型号	FP60/10—2H	设计流量	7400L/min
水泵流量	6000L/min	泡沫射程	70m
水泵工作压力	1.6MPa	水射程	80m
进水口径	80mm×6mm	出水口径	80mm×6mm

11.5.10 注意事项

（1）全车气压不能低于 6.5kgf/cm^2，上装部分工作气压不能超过 8kgf/cm^2。

（2）停车后，必须拉好手制动，否则消防部分不能正常工作。

（3）注意仪表盘和操作盘的各种故障指示灯，指示灯亮时必须停车检查。

(4) 各种开关接口和保险盒部分，车辆底盘不能用水冲洗。

(5) 升炮前必须注意周围情况，是否有障碍物。

(6) 水罐和泡沫罐内必须加满水和泡沫，以保持车辆的稳定性。

(7) 仔细阅读西格那消防车的操作手册。

(8) 轮胎气压必须按规定冲气，否则将严重增加轮胎磨损速度，减少使用时间。

(9) 在升起使用车尾部照明灯时，一定要注意观察周围情况，保证安全。

(10) 按时对随车发电机进行保养检查，按时起动发动机检查。

(11) 水泵工作 18h，水泵在怠速运转状态下，对水泵加注专用黄油。用黄油枪加注约 4~5 下。

11.5.11 特别提示

该车辆在行进当中严禁空挡滑行。

11.6 装载电动模拟炮斯太尔消防车

11.6.1 炮出水、出泡沫操作程序

(1) 将驾驶室后中部电脑操作盘上三个按钮由上至下按顺序依次完全按下。

（2）按下炮操纵升起开关，将炮升起，同时根据需要按下炮的直流和开花选择开关。

（3）踏下离合器，按下水泵挡开关。

（4）抬起离合器，打开水罐出水开关，如需出泡沫，则打开泡沫罐开关。

（5）把炮调整到所需位置和角度，扳倒炮模拟器上的出水开关。

（6）根据火场需要把压力调整到所需压力。

11.6.2 用管枪出水、出泡沫程序

（1）踏下离合器，按下水泵挡开关。

（2）打开车尾部水罐开关(或驾驶室内水罐开关)。

（3）如需出泡沫，再打开泡沫罐开关(或驾驶室内泡沫罐开关)。

（4）拧开出水口阀门，逐渐推动手油门，根据需要调整出水压力。

11.6.3 吸水程序

（1）关严各阀门，需要将吸水管长度接好。

（2）踏下离合器，按下水泵挡开关。

（3）打开真空泵开关，打开吸水口开关。

（4）加大油门，看真空表指示度数，出水压力表有压力。

（5）打开炮或枪出水开关。

11.6.4 冲洗程序

打开后部外吸液阀门、出水开关放出管道及水泵中的残液。

11.6.5 车辆相关参数(表11.6)

表11.6 装载电动模拟炮斯太尔消防车相关参数

车辆名称	斯太尔泡沫车	车辆型号	1491
购置价格	170万元		
发动机号码	95121884	底盘号码	31924
使用日期	1996年		

续表

车　辆　参　数			
最高时速	85km/h	制造日期	1996 年
满载总重量	31.2t	车辆长度	9500mm
空车时重量	14.5t	车辆宽度	2500mm
载重量	12t	车辆高度	3600mm
发　动　机　规　格			
发动机名称	四冲程柴油机		
最大功率	280hp	发动机重量	1100kg
气缸工作顺序	1-8-4-3-6-5-7-2	气缸直径	137mm
活塞行程	156mm	压缩比	
活塞总排量	13798cm³	最大扭矩	179.7kgf·m
车　辆　容　量　数　据			
燃料油	280L	变速器齿轮油	13L
发动机油底壳	22L	转向器齿轮油	
后桥齿轮油	27L	冷却水	
消　防　装　备			
水罐容量	6000L	进水口径	110mm×2mm
泡沫罐容量	6000L	出水口径	80mm×4mm
水泵型号	R600N2 离心泵	水泵流量	3000L/min
引水时间	45s	水泵工作压力	16kgf
扬程	150m	泡沫发射量	500L/s
水射程	75m	泡沫射程	65m
设计流量	7000L/min	发动机转速	2000r/min

11.6.6　注意事项

（1）电脑部分操作，必须按先开后关的顺序关闭。

（2）升炮时必须观察周围有无障碍。

（3）吸水时，滤水器必须放入水源一定深度，保证真空度。

11.6.7 特别提示

该车辆在行进当中严禁空挡滑行。

11.7 黄河泡沫车

11.7.1 出水、出泡沫程序

(1) 踏下离合器踏板，打开泵挡开关。

(2) 踏下离合器踏板，挂上五挡。

(3) 打开水罐至水泵开关。

(4) 如需要出泡沫，再打开高压水开关。

(5) 打开泡沫罐至比例器开关。

(6) 把泡沫比例器调到所需位置。

(7) 用手油门把压力调到所需要工作压力。

11.7.2 泡沫冲洗程序

(1) 出完泡沫后，关上泡沫罐开关。

(2) 打开水罐至水泵开关。

(3) 打开各出水口开关。

(4) 打开外吸泡沫口闷盖。

(5) 对泡沫比例器各比例位置进行冲洗。

(6) 用清水冲洗 1~2min，待各出水口流出清水。

(7) 关闭各开关，冲洗完毕。

11.7.3 收起操作程序

(1) 把水泵压力降到最低。

(2) 关上泡沫罐至比例器开关。

(3) 把泡沫比例器调回到0位置。

(4) 关上高压水节门。

(5) 关上水罐至水泵开关。

(6) 踏下离合器踏板，摘下五挡，放置空挡位置。

(7) 踏下离合器踏板，摘下泵挡。

(8) 打开水泵放水开关，放净水泵和管道内存水。

11.7.4 车辆相关参数(表11.7)

表11.7 黄河泡沫车相关参数

车辆名称	PM65型泡沫消防车	车辆型号	JN162型
购置价格	25万元		
发动机号码	94H500223	底盘号码	10891
使用日期	1992年		
车辆参数			
最高时速	83km/h	满载时前轴	5850kg
最大牵引力		满载时后轴	10750kg
满载总重量	16600kg	车辆长度	7905mm
空车时重量	9700kg	车辆宽度	2500mm
载重量	6900kg	车辆高度	3150mm
发动机规格			
发动机名称	6135Q-1a型	发动机型号	JN162型
最大功率	200hp	发动机重量	900kg
气缸工作顺序	153624	气缸直径	135mm
活塞行程	140mm	压缩比	17 1
活塞总排量	12L	最大扭矩	80kgf·m

续表

车辆容量数据			
燃料油	170L	变速器齿轮油	14. 4L
发动机油底壳	28L	转向器齿轮油	6L
后桥齿轮油	11L	冷却水	45L
消　防　装　备			
水罐容量	1500L	进水口径	125mm×2mm
泡沫罐容量	5000L	出水口径	80mm×4mm
水泵型号	BD60 型单级离心泵	水泵流量	3600L/min
引水时间	45s	水泵工作压力	$10kgf/cm^2$
扬程	100m	水射程	60m
泡沫发射量	300L/s	设计流量	3600L/min
泡沫射程	55m	发动机转速	1500~2000r/min

11. 8　康明斯干粉消防车

11. 8. 1　操作程序

（1）首先打开一组氮气瓶(6 个)。

（2）打开减压阀，慢慢拧紧使压力达到 1. 2MPa。

（3）打开干粉前罐或后罐其中一个罐，待气体进罐达到工作压力后，可用炮出干粉。如需用干粉枪，必须打开后罐，进行操作。

（4）用后先关闭干粉罐的进气阀。

(5) 打开吹扫阀对枪或炮及管道进行断续式吹扫。

(6) 吹扫完毕后，关闭氮气瓶阀门，打开干粉罐泄压阀，放空罐内余气后关闭泄压阀。

(7) 打开管道放空阀，放净管道内余气后，关闭阀门。

11.8.2 相关参数(表 11.8)

表 11.8 康明斯干粉消防车相关参数

车辆名称	康明斯干粉消防车	车辆型号	JN162 型
购置价格	56 万元		
发动机号码	9610131	底盘号码	96312160
使用日期	1995 年		
最高时速	80km/h	车辆长度	7700mm
满载总重量	18000kg	车辆宽度	2500mm
空车时重量	10000kg	车辆高度	3400mm
载重量	8000kg	气缸工作顺序	1-5-3-6-2-4
发动机名称	四冲程柴油机		
燃料油	160L	变速器齿轮油	16L
发动机油底壳	28L	转向器齿轮油	6L
后桥齿轮油	12L	冷却水	45L
干粉炮射程	40m	干粉罐容量	3t
干粉枪射程	15m	出干粉工作压力	1.4MPa
钢瓶只数	12 只	干粉炮流量	40L/s
钢瓶压力	14MPa	干粉枪流量	5L/s

参 考 文 献

1 覃先锋主编. 火灾现场指挥与紧急情况处理实物全书. 哈尔滨：黑龙江人民出版社，2002

2 公安部消防局主编. 消防部队执勤业务训练指导法. 南昌：江西教育出版社，1999

3 公安部消防局主编. 消防灭火救援. 北京：中国人民公安大学出版社，2003